KB150430

전쟁의 역사
The History of War

전쟁의 역사
The History of War

머리말

“유럽의 밤을 밝히던 등불들이 이제 모두 꺼져 가겠구나.”

“유럽의 밤을 밝히던 등불들이 이제 모두 꺼져 가겠구나.”

1914년 영국과 독일의 전쟁이 시작된 그날 밤, 영국의 외무장관은 창밖으로 반짝이는 등불들을 바라보며 이렇게 탄식했다.

원자폭탄의 아버지로 불리는 오펜하이머Oppenheimer는 원폭 실험 중에 하늘로 솟아오르는 거대한 불꽃과 화염을 바라보며 복잡한 심경에 다음과 같은 인도 고시古詩의 한 구절을 되뇌곤 했다.

“나는 죽음의 신神, 세상의 파괴자이다.”

……

인류의 위대한 발명과 발견은 전쟁의 승리를 갈구하는 국가에 의해 예외 없이 군사영역에 활용되었다.

과학기술의 힘을 등에 업은 현대전쟁은 수천 리 밖에 있는 목표물도 정확하게 명중시키는 가공할 파괴력을 자랑한다. 순항미사일cruise missile이 전자폭탄을 폭발시킬 때 방출되는 강력한 마이크로 전자파가 적군의 전자 설비를 순식간에 마비

시켜버리는가 하면, 건축물을 파괴하지 않고도 적군을 살상하는 무기, 중성자탄도 등장했다. 이 같은 최첨단 군사무기는 인류를 파멸시키려는 '다모클레스의 검Sword of Damokles'처럼 소리 없이 그 날카로운 칼날을 번득이고 있다.

과학기술의 발전은 미래 전쟁의 양상을 예측 가능하게 한다. 유전공학을 응용한 DNA 무기로 병균을 퍼뜨려 순식간에 적의 전투력을 무력화시킬 수도 있고 일명 '슈퍼스타'라고 불리는 극초단파 무기Microwave weapon는 강력한 전자파를 발사해 적의 레이더와 통신시스템을 혼란에 빠뜨릴 뿐 아니라 직접 적군에 화상火傷을 입혀 죽일 수도 있다. 이 밖에도 홀로그래픽 영사기술holographic projection을 이용해 만든 마인드 컨트롤 무기Mind control weapons는 인간의 심리를 교란시켜 극도의 공포에 휩싸이게 함으로써 전장에서 달아나도록 조장한다. 전쟁은 이제 사지가 떨어져나가는 단순한 싸움이 아니라 인체의 감각기관과 생체기능을 완전히 무너뜨리는 파괴자이다.

왜 인간 스스로 실험용 흰쥐가 되어 전쟁터를 인류 과학기술의 '실험실'로 만들어야 하는가?

이 책 《전쟁의 역사》는 역사가 기억하는 전쟁의 사례를 소개하는 한편, 독자들에게 전쟁과 과학기술, 문명과 야만이 빚어낸 비극적 관계의 고리를 찾아보는 계기를 마련해 줄 것이다.

"슬픔을 느낄 새도 없이 전쟁에 시달렸던 진秦나라의 백성, 후손들이 그들을 애통해하고 있건만, 애통만 하고 이를 교훈 삼지 않으면 후손들도 같은 고통을 당하지 않을쏜가."

당나라의 시인 두목杜牧이 지은 위의 시구는 우리에게 시사하는 바가 매우 크다. 이미 지나간 일을 바로잡을 순 없어도 앞으로 닥칠 일에 대비할 수 있다는 것이 얼마나 큰 행운인가?

차례

제3장 철기 시대의 전쟁 – 중세기 전쟁

제4장 신구병기 혼용 시대의 전쟁

제5장 화약 무기 시대의 전쟁

제6장 기계화 시대의 전쟁

제1장

청동기 시대의 전쟁 –열국 분쟁

기원전 3500년에서 기원전 200년까지 청동기가 광범위하게 사용되면서 전쟁이 빈번하게 일어났다. 이 시기에는 티그리스–유프라테스 강 유역의 각국을 비롯해 고대 이집트, 중국, 고대 인도, 고대 그리스 등이 전쟁의 주인공이었다.

HISTORY OF WAR

왜 전쟁을 하는가!

전쟁의 기원

인류는 역사에 등장한 순간부터 '생존 공간'이라는 문제에 직면했다. 다음은 플라톤의 저서 《유토피아》에 나오는 소크라테스와 글라콘의 대화로 전쟁의 목적을 유추해내고 있다.

소크라테스 따라서 우리는 반드시 국경을 넓혀야 하네. 지금 있는 영토만으론 부족하기 때문이지.…… 식량으로 삼을 가축도 많이 구해야 한다네.

글라콘 당연한 말이야.

소크라테스 그러니 이웃나라 영토를 우리의 목축지와 농경지로 사용할 수밖에 없다네. 허나 이웃나라도 우리나라와 같은 생각을 품고 있다면, 또 그들도 더 많은 재물을 쌓으려고 혈안이 되어 있다면, 우리나라 영토를 넘보지 않겠나?

글라콘 그거야 불 보듯 뻔한 일이 아닌가, 소크라테스.

소크라테스 그럼 전쟁이 일어나겠군. 안 그런가, 글라콘?

글라콘 당연한 결과지.

소크라테스 전쟁의 이해관계야 어찌 되었건, 우린 방금 전쟁의 원인을 찾아냈군 그래. 전쟁의 원인이야말로 국가의 모든 죄악의 근원이지. 공사에 관계없이 말이네.

글라콘 그렇군.

소크라테스가 아테네 시민에게 자신의 철학 이념을 설명하는 장면. 그는 '생존 공간' 쟁탈 및 재물 약탈을 전쟁의 근본으로 보았다.

유목 문화와 농경 문화의 충돌이 발생하자 농경 민족은 성벽을 쌓아 유목 민족의 말과 수레를 막았다. 이 때문에 농경 민족에서는 보병步兵이, 유목 민족에서는 기병騎兵이 발달했다.

전쟁과 전쟁 시대

전쟁이 일어났다고 해서 곧 전쟁의 시대가 도래했다고 볼 수는 없다. 독일의 군사 이론가 클라우제비츠는 '전쟁은 정치의 또 다른 연속'이라고 정의했다. 식량이 풍부해 잉여 식량이 생기고, 사회 분업과 물물교환이 발달해 사유제와 계급 분화가 이뤄진 후에 착취 계급이 등장하면서부터 '정치'가 움트기 시작했다. 이 시기는 국가가 출현하기 전 단계로 원시 사회 말기 군사민주제軍事民主制(공동체의 구성원이 군사 지도자를 선출하는 제도) 시대라고 부른다.

이전까지 전쟁은 이웃 부족의 침략에 대한 보복이나 부족한 땅과 식량을 얻기

《전쟁론》에 나오는 삽화의 한 장면. 이 책의 저자 클라우제비츠는 "전쟁은 정치의 또 다른 연속이다."라고 정의했다.

위한 무력 행위에 지나지 않았다. 그러나 군사민주제 시대 이후 전쟁은 재물을 약탈하고 이를 위해 번영을 꾀하는 정치적 색채가 가미되었다. 이러한 정치적 전쟁은 씨족 제도의 와해와 이를 대신하는 국가의 성립을 예고하는 것이었다.

그리고 국가는 성립과 동시에 전쟁의 주체가 되었다. 국가의 최고 목표는 존립과 발전이었으며, 이를 위해서는 무력을 바탕으로 한 국력 확보가 필수적이었다. 역사 속 수많은 국가가 언제 그들의 존립을 위협할지 모르는 전쟁에 대비해 군사력을 키웠다. 강대국에 의해 국제 질서가 좌지우지되는 오늘날, 모든 국가가 부국강병을 추구하는 것 역시 그 기저에 이러한 심리가 작용하고 있다.

고대 서남아시아의 전쟁

수메르 – 메소포타미아 문명의 발상지

아시아 서남부에서 페르시아 만으로 유입되는 티그리스·유프라테스 강 하류 유역에 위치한 '메소포타미아'는 고대 그리스어로 '두 강의 사이'라는 뜻을 지니고 있다. 세계 최초의 문명 발상지인 이곳은 바빌론 문명의 대표적인 유적지이다. 그 발생 시기, 유적의 가치, 후대에 끼친 영향 면에서 이집트 문명과 견주어도 손색이 없다.

수메르 문명은 기원전 4300년부터 시작되었다. 기원전 4300년에서 기원전 3500년에 걸쳐 수메르 지역에 우바이드 문화가 탄생했다. 에리두, 우르, 우루크, 라가시, 니푸르, 키시 등의 지방을 중심으로 사람들이 모여 살기 시작했다. 수메르 문명이 찬란한 빛을 발한 때는 우바이드기에 뒤를 이어 등장한 우루크기(기원전 3500~3100년)에 이르러서다. 이때에 국가 형성의 기틀이 잡히고 도시들도 그 모습을 갖추게 되었다. 특히 수메르 문명의 3대 성과로 꼽히는 신전 건축, 원통형 인장印章, 문자 발명 등도 이 시기에 완성되었다. 기원전 3100년부터 기원전 2900년까지는 옘뎃 나섹기Jemdet Nasex Period에 해당한다. 이때부터 노예제 소국가들을 중심으로 도

〈우르의 군기〉

고고학자들이 발굴한 이 군기는 상중하 세 부분으로 나누어 전쟁 장면을 묘사하고 있다. 하단 부분은 군대의 출정과 개선을 그리고 있는데 오른쪽 첫 번째 전차가 출정을 상징하고, 두 번째 전차 하단에 적군이 깔린 것으로 보아 승리를 상징함을 알 수 있다. 중간층은 전투에서 승리한 전사들의 행렬을 묘사했다. 투구를 쓴 자, 망토를 두른 자, 단검을 들고 적과 결투를 벌이는 자, 그리고 포로를 호송하는 자 등 다양한 병사들의 모습을 볼 수 있다. 최상단 중앙에 있는 사람이 우르 왕이다. 오른쪽으로 비켜선 자세를 취하고 있는데, 긴 창을 들고 완전무장한 군사들의 호위를 받으며 전쟁 포로들을 둘러보고 있다.

시가 본격적으로 발달하기 시작했으며 최초의 설형문자楔形文字(쐐기꼴 글자, 쐐기 문자라고도 하며, 기원전 3000년경부터 약 3000년간 메소포타미아를 중심으로 고대 오리엔트에서 광범위하게 쓰인 문자. 회화 문자에서 생긴 문자로, 점토 위에 갈대나 금속으로 새겨 썼기 때문에 문자의 선이 쐐기 모양으로 보임)가 선보였다. 수레를 끌기 위해 당나귀를 이용했는데 말이 끄는 수레는 아직 등장하지 않았다. 또한 갈대를 엮어 배를 만들고 목재를 사용한 선박 제조도 이뤄졌다. 이러한 배경 속에서 수메르는 초기 왕조 시대(기원전 2900~2371년)를 열었다.

당시 수메르인들은 최초로 전쟁에 전차戰車를 도입한 것으로 알려져 있다. 또한 우르는 경장보병輕裝步兵과 중장보병重裝步兵까지 보유했다고 한다. 기원전 2500년경 라가시의 에안나툼 시대 유물인 독수리 석비에는 전쟁을 묘사한 그림이 남아 있다.

이 그림은 전차 위에 창을 들고 서서 부대를 이끌고 적진으로 진군하는 에안나툼의 모습을 생동감 있게 묘사했다. 뾰족한 투구, 창과 방패로 무장한 보병 부대는 횡렬 6명, 종렬 4명으로 방진方陣(병사들을 사각형으로 배치해서 친 진)을 구성하고 있는데, 이는 아마도 세계 최초의 방진이었을 것이다.

그러나 수메르의 도시 국가들 가운데 메소포타미아 지역을 완전히 통일한 국가는 없었다. 사르곤 1세가 등장한 후 메소포타미아는 셈족이 지배하는 아카다 왕국의 시대로 들어서게 된다.

'사방四方의 왕'

사르곤 1세(기원전 2371~2316년)는 수메르인이 아닌 셈족으로 출신이 비천했다. 어머니는 천민인 것으로 알려져 있으며 아버지가 누군지 모른다. 어릴 때 버려진 그를 한 정원사가 데려다 길렀다고 한다. 장성한 후에 그는 궁정에서 국왕의 측근 신하가 되어 군사와 정무를 익혔다. 파란만장한 성장기를 보낸 덕분인지 세습제로 왕위에 오른 수메르 국왕들보다 시대의 민감한 변화를 읽어내는 능력이 탁월했으며 군사, 용병 수완도 뛰어났다.

사르곤 왕은 세계 최초로 군대를 창설한 것으로 유명하다. 군대를 이끌고 수메르 각 도시 국가를 파죽지세로 무찔렀으며 가는 곳마다 승리를 거뒀다. 총 34번에 걸친 전쟁을 모두 승리로 장식했는데 군대가 큰 힘을 발휘했다. 군인들은 수메르의 민병들보다 훈련 수준이 뛰어났으며 시간, 공간적 제약 없이 대규모 야전 병력에 동원될 수 있었다. 이로써 장기간 고향을 떠나 전쟁에 임할 수 없는 농민 병사들의 한계까지 극복 가능했다. 직업 상비군은 전쟁이 발생하면 바로 전투에 참

사르곤 1세의 조각상. 사르곤은 '정통성을 지닌 왕'이란 뜻이다. 한 도시 국가 국왕의 술 따르는 시중에서 왕의 자리에까지 오른 그는 정복 전쟁에 힘썼다. 전쟁의 가장 큰 목적은 아카다 지역 상인들의 무역 루트를 안전하게 보장하기 위해서였는데 타 지역 도시 국가들이 함부로 상품에 세금을 징수하지 못하도록 했다.

여 할 수 있을 뿐만 아니라 규모, 자질 면에서 모두 탁월한 능력을 겸비했다. 이 수메르의 다른 도시 국가들은 이들의 적수가 될 수 없었다.

메소포타미아 대부분 지역을 통일한 사르곤은 스스로 '진정한 국왕'이란 뜻의 '샤루 킨'이라 자처하며 '사방의 왕'으로 군림했다. 또한 자신은 '이시스 여신이 가장 총애하는 자'로서 수메르의 주신 '엔릴Enlil'이 적의 군왕을 수메르의 군왕으로 삼을 리 없다고 주장했다. 왕권의 신성과 정통성을 강조해 그 통치를 강화하기 위함이었다.

그러나 사르곤의 기세는 변방 지역을 일시적으로 통치하는 데 그쳤다. 군대가 출정하는 곳마다 정복하긴 했지만 철수하고 나면, 그 지역은 또다시 독자적인 발전을 모색했기 때문이었다. 아카다 왕국은 무력 정복에는 성공했지만, 실질적인 통치를 하는 제국으로 발전하지는 못했다. 사르곤 말년에는 각지에서 반대 세력이 일어났으며 그는 아카다 성에 고립되는 상황에 처하기까지 했다. 비록 이러한 반란이 진압되기는 했지만 아카다 왕국의 통일은 오래가지 못했으며 결국 유목 민족에 의해 멸망하고 말았다.

고대 바빌로니아 왕국의 농병일치제도農兵一致制度

고대 바빌로니아 왕국은 제6대 왕인 함무라비가 제위하면서 최고의 전성기를 맞았다. 군대의 기능을 매우 중시했던 함무라비는 전시에 쉽게 징병할 수 있도록 '농병일치제도'를 실시했다.

평시에는 병사들에게 농지와 가옥, 가축을 주어 생활하게 하고 전시에는 바로 사병으로 징집하는 이 제도는 《함무라비 법전》에도 그 내용이 명시되어 있다. 평상시 농지와 수확량 분배와 관련된 내용이 16개 항인데 제26조부터 41조까지 사병의 권리와 의무에 대해 상세히 규정하고 있다.

'농병일치제도'는 국가 병력 유지, 군비 절감의 효과가 있었을 뿐만 아니라 국가 재정 지출을 줄이고 생산을 늘려 농업 발전에도 이바지했다. 함무라비 왕은 군대의 힘을 바탕으로 정복 전쟁을 감행해 강력한 통일 국가를 이룩했다.

그러나 함무라비 왕이 죽고 난 후 바빌로니아 왕국의 태평성세는 오래가지 못했다. 남부 지방에서 폭동이 발생하는가 하면 호시탐탐 바빌로니아 왕국을 노리던 동부 지역의 카시트인들이 침략을 일삼아 혼란과 분열이 가중되

함무라비 법전의 상단 부조. 함무라비 법전은 높이 225미터, 상단 둘레 165미터, 하단 둘레 190미터의 검은 현무암 기둥에 새겨져 있다. 총 3500개 항으로 본문은 282조로 되어 있으며 아카다어로 기록했다. 세계 최초의 법전으로 완벽한 구성이 돋보이는 이 법전은 함무라비 왕이 자신의 공적을 신에게 고하기 위해 편찬한 것으로 알려졌다.

었기 때문이었다. 또한 노예들의 도주가 이어지는 등 내부 모순도 격화되었다. 결국 기원전 1595년 히타이트족의 침략으로 고대 바빌로니아 제1왕조는 막을 내렸다. 그러나 히타이트족의 통치도 오래가지는 않았다. 그 뒤를 이어 아시리아인들이 바빌로니아 제2왕조(기원전 1590~1518년)를 세웠으며, 카시트인들이 바빌로니아 제3왕조(기원전 1518~1204년)를, 그리고 바빌론인들이 제4왕조(기원전 1165~689년)를 세웠다. 이렇게 천 년의 세월이 흘렀지만 함무라비 시대의 번영을 재현해 내지는 못했다. 기원전 8세기 아시리아 제국이 일어나면서 메소포타미아 지역은 경제, 군사적 번영을 이룩했고 노예제 제국의 모습을 갖추게 되었다. 특히 이때부터 철기 시대가 열리며 군사의 새 장이 펼쳐졌다.

HISTORY OF WAR

이집트의 탄생과 발전

정복자 나르메르

나르메르Narmer는 고대 이집트의 첫 번째 왕 메네스Menes를 가리킨다. 상이집트의 초기 군주 전갈 왕The Scorpion King 이래 정복 전쟁을 매우 빈번하게 일으켰던 인물이다. 나일 강변 히에라콘폴리스Hierakonpolis(지금의 네켄Nekhen 지역)에서 상하 이집트를 통일한 나르메르 왕의 공적을 기념하는 유물 '나르메르 왕의 팔레트'가 발견되었다. 팔레트의 앞면에는 나르메르가 상이집트를 상징하는 백관白冠을 쓰고 오른손에는 권위를 상징하는 봉棒을 든 채 왼손으로 꿇어앉은 적의 머리카락을 움켜쥔 모습이 그려져 있다. 뒷면에는 나르메르가 하이집트를 상징하는 홍관紅冠을 쓰고 시종과 함께 전쟁터

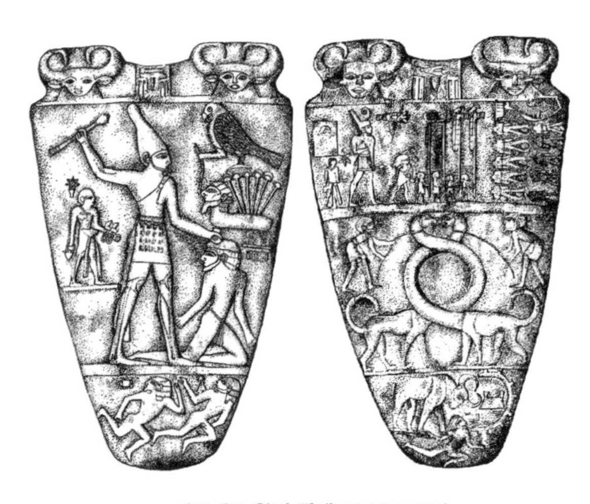

나르메르 왕의 팔레트(앞면과 뒷면)

를 순시하는 모습이 묘사되어 있는데 그들 앞에 목이 베인 적의 시체 10구가 가로 놓여 있다. 뒷면 최하단에는 국왕을 상징하는 수소가 도시의 방어벽을 뚫고 들어가 도망치는 적들을 짓밟는 모습이 보인다. 상하 이집트를 상징하는 백관과 홍관이 한 팔레트에 동시에 출현하는 것으로 보아 나르메르가 이집트를 통일했음을 알 수 있다.

나르메르가 통일을 이룩한 후 이집트는 왕조 시대로 접어들었다. 그의 후계자 아하는 '투사'라는 이름의 뜻처럼 전장을 누비고 다녔다. 그 결과 국경이 확대되고 이집트 남부지역이 점차 안정을 찾게 되었다.

그러나 이집트 제1왕조(기원전 3100~2890년)는 오래가지 못하고 분열과 통일을 반복하다가 제2왕조(기원전 2890~2688년)의 초대 파라오인 헤텝세켐위Hotepsechemoey에 이르러 통일왕국을 재현했다. 헤텝세켐위는 '두 권력의 평화로운 공존상태'란 뜻이다. 제2왕조의 마지막 왕인 카세케무이Khasekhemwy 시대에 이르러 완전한 통일을 이루었으며 그 후 중앙집권을 강화하고 피라미드로 유명한 고왕국시대로 접어들게 된다.

피라미드 시대

이집트 고왕국시대는 중앙집권통치가 시작된 제3왕조부터 제6왕조(기원전 2686~2181년)까지를 말한다. 절대 권력을 행사했던 파라오는 죽어서도 생전의 영화를 그대로 누리기 위해 피라미드 건축에 막대한 인력과 물자를 동원했다. 이 때문에 고왕국시대를 피라미드 시대라고도 한다.

본격적인 고왕국시대가 시작되기 전에는 지역 간 세력 쟁탈을 목적으로 한 내

이집트 고왕국시대 대표적인 건축물인 피라미드와 스핑크스

전이 전쟁의 전부였다. 하지만 고왕국시대에 접어들면서 이집트는 수차례 대규모 대외 원정을 감행하기 시작했다. 특히 제3왕조의 초대 파라오 조세르는 이집트 남부 누비아 지역을 원정의 우선 목표로 삼았다.

제6왕조 시대의 대신재상이 집필한 자서전에는 당시 파라오가 상하 이집트에서 수많은 병사를 징집했으며, 재상인 자신이 직접 군대를 이끌고 사막 너머 아시아 정벌에 나섰다는 기록이 있다. 수차례에 걸친 원정을 통해 사막에 살던 민족들을 멸망시키고 생포한 포로들을 끌고 왔으며 사막으로 도망치는 반란군을 진압했다고 한다.

그러나 얼마 되지 않아 이집트는 정치, 경제적으로 완전히 새로운 체제로 돌입하는 중왕국시대를 맞이하게 된다.

고왕국시대의 군대는 크게 육군과 해군으로 나뉘었다. 모두 보병으로 구성된 육군은 이집트 농민이 주축을 이뤘다. 이집트 영토에 거주하는 일부 누비아인도 징집했는데, 이들은 노예는 아니었지만 용병도 아니었기에 보수가 없었다고 한다. 이러한 보병의 규모는 수만 명에 달했다.

이집트 병력의 핵인 해군은 대외 전쟁이 빈번했던 제5왕조 시대에 이르러 두 개 함대로 편성되어 상하 이집트에서 각각 출정했다. 이는 지중해와 홍해까지 그 세력을 확장하는 데 편의를 도모하기 위함이었다. 제4왕조 스네프루 시대에는 개잎갈나무(히말라야시다)를 구하기 위해 40여 척 규모의 함대를 파견했다는 기록이 있는데 고왕국시대의 해군 함대는 그 수량과 규모가 상당했음을 알 수 있다.

또한 무기 및 선박 제조, 군대 보급품, 방어진 구축 공사 등을 관리하는 전담기구를 따로 두었다. 이는 세계 최초의 군대 후방업무 전담기구로 볼 수 있다.

중왕국시대

이집트 제11왕조와 제12왕조는 중왕국시대(기원전 2133~1786년)로 고대 이집트의 중흥기 가운데 하나로 꼽힌다. 특히 제12왕조는 중앙집권제가 더욱 강화된 중왕국시대 최고의 전성기였다. 고왕국시대에는 북부의 멤피스가 수도였으나, 중왕국시대에 이르러 남부의 테베Thebes가 수도가 되었다.

중왕국시대는 강성한 국력을 바탕으로 대외 확장 정책이 다시 활기를 띠었다. 북쪽으로는 수차례 서아시아 원정을 감행하긴 했지만, 유목 민족의 침입을 막고

고대 이집트 벽화. 파라오가 힉소스Hyksos족을 몰아내는 장면.

서아시아 소수민족들의 반란을 진압하는 데 그쳤다. 중왕국시대에는 남쪽 누비아를 집중적으로 정벌했다. 먼저 제12왕조의 창시자인 아메넴헤트 1세Amenemhat I가 누비아 정벌에 나서 사므라Samra 지역에 요새를 세웠다. 그의 뒤를 이은 세누스레트 1세Senusret I는 누비아 소수민족을 정복하긴 했지만, 그 통치기반은 불안했다. 후에 제12왕조의 5대 파라오 세누스레트 3세가 네 차례에 걸쳐 누비아 원정에 나선 끝에 이집트 남부 국경은 제2폭포 남쪽의 사므라 지역까지 확대될 수 있었다. 그는 이곳에 수많은 요새를 건설하는 등 통치체제를 공고히 했다.

그러나 제12왕조 말기에 왕권이 약화되면서 제13왕조가 시작되었다. 이때부터 제17왕조까지는 혼란의 할거시대로 '제2중간기(기원전 1786~1567년)'라 불린다. 이 시기에는 아시아의 힉소스족이 이집트를 점령해 제15, 16왕조를 세우기도 했다.

힉소스족은 서아시아의 유목 민족으로 이집트에 전마戰馬와 전차戰車를 전파했다. 그 전까지 이집트는 나귀를 이용해 물건을 실어 날랐을 뿐, 수레도 매우 드물었다. 병사들도 경장보병이 고작이었다. 이러한 상황에서 힉소스족이 들여온 말이 끄는 전차는 군사상 일대 혁명을 가져왔다. 이집트는 말이 끄는 쌍륜 전차를 비롯해 전차병을 보유하게 됨으로써 전투력이 크게 증강했다.

중왕국시대 파라오는 자신을 보위하는 근위대를 거느렸는데, 이 근위대의 규모가 확대되면서 군대로 발전했다고 볼 수 있다. 중왕국시대에도 육군은 여전히 보병뿐이었다. 다만, 창병槍兵(창을 쓰는 병사)과 궁수弓手로 전문화되고 동일 규격의 무기를 사용하기 시작했다. 해군은 실전 전투력이 더욱 강화되었을 뿐만 아니라 풍향을 이용해 그 기동성이 크게 향상되었다.

아울러 청동 제련 기술의 발명과 금속 가공 기술의 발달로 이집트 병사들의 무기는 고왕국시대보다 훨씬 월등한 성능을 갖추게 되었다. 도끼, 창, 활, 해머, 단검, 투석기, 부메랑 등 다양한 공격용 무기가 선보였으며 방패와 같은 방어 장비도 등장했다.

군사 제국 이집트!

이집트 제18왕조는 힉소스족을 몰아내는 과정에서 탄생했다. 전쟁을 겪으며 축적한 막강한 무력을 바탕으로 지방 할거세력을 제거한 후 다시 중앙집권제가 강화되었다. 특히 전쟁에 정통한 3대 파라오 투트모세 1세Thutmose I가 집권한 후, 이집트는 전대미문의 강력한 제국을 형성했다.

투트모세 3세는 시리아, 팔레스타인 지역에 대규모 정벌을 감행하는 한편, 수차

투트모세 3세가 신에게 제사를 드리는 모습. 제18왕조는 고대 이집트의 31개 왕조 가운데 최장 역사와 최대 영토를 자랑하며 최고의 번영을 누렸던 시대였다. 특히 투트모세 3세는 이집트를 제국으로 발전시키는 데 결정적인 역할을 한 것으로 평가받고 있다.

례에 걸친 누비아 원정을 통해 이집트 남부 국경을 나일 강 제4폭포까지 확대했다. 당시 이집트는 명실상부한 군사대국의 입지를 확고히 함으로써 서아시아 정복 국가들로부터 막대한 조공을 거둬들였다. 바빌로니아, 아시리아, 히타이트 등 근동(近東, 서유럽에 가까운 동양의 서쪽 지역)의 강대국들도 진귀한 예물을 바치며 이집트의 환심을 사려 했다. 투트모세 3세는 '이집트의 나폴레옹'이란 별칭에 걸맞게 이집트 제국 최대의 영토를 확보했다. 그러나 오로지 무력을 기반으로 세운 왕권은 불안정할 수밖에 없었으므로 이는 결국 제18왕조의 멸망으로 이어졌다.

고대 이집트 벽화. 전투에서 적을 물리치는 람세스 2세의 모습. 람세스 2세는 이집트 역사상 가장 위대한 파라오로 불린다.

이집트 제19왕조는 기원전 14세기 말엽에 세워졌다. 초대 파라오 람세스 1세는 군대를 3개 군단軍團으로 나누고 각 군단을 신神의 이름으로 명명하는 등 대대적인 군사 개혁을 실시했다. 모든 군단이 전차부대를 보유하도록 해, 전투 시의 기동성을 높였으며 군단의 우수 병사를 선발해 국왕의 근위대로 삼았다. 또한 동북 변경 요새부터 사막을 경유해 아시아로 통하는 전투 루트를 확보했으며 부락별로 용병을 모집해 국경 요새를 수비하도록 했다. 이러한 개혁을 통해 제19왕조는 히타이트족과의 아시아 패권 쟁탈전에서 유리한 기반을 확립할 수 있었다.

기원전 1300년, 람세스 2세는 히타이트 수중에 있던 카데시Kadesh를 되찾기 위해 전쟁을 일으켰다. 당시 히타이트는 무와탈리스Muwatalliš가 통치하고 있었다. 카데시 전투는 히타이트의 패배로 끝이 났지만, 이집트의 손실도 만만치 않았다. 그러나 이후에도 양국 간의 충돌과 전쟁은 끊이지 않았으며 결국 평화협정을 체결함으로써 마무리되었다. 협정의 초안은 은판 위에 새겼다고 한다. 히타이트 어로 새긴 후 다시 아카드어로 번역한 것으로 알려졌으나 아쉽게도 지금은 모두 실전失傳되어 그 내용을 알 수 없다. 현재 전해지는 협약문은 점토판 위에 설형문자로 기록한 것으로 역사상 최초의 평화협정에 해당한다.

이 협정에 따르면 카데시를 비롯한 시리아 대부분의 영토는 히타이트에 귀속되었다. 또한 양국은 더 이상 적국이 아니며 제3국의 침입이나 민란이 발생할 때 군사 원조 및 탈주범 인도 등을 약속하고 있다. 람세스 2세는 히타이트와의 동맹을 공고히 할 목적으로 히타이트족 하투실리 3세Hattusili III의 딸을 아내로 맞이했다.

평화협정을 맺고 난 후 양국 간에 더 이상의 교전은 발생하지 않았다. 그러나 히타이트 동부에 위치한 아시리아 왕국을 비롯해 서부의 소위 '해상 민족海上民族'과의 잦은 충돌이 발생하면서 국력은 쇠퇴일로를 걸었다. 기원전 1200년 무렵 인도-유럽 족Indo-European의 한 갈래인 일리리아인들이 서아시아로 침범해 오면서 히타이트 왕조는 멸망했다. 이집트 역시 람세스 3세가 '해상 민족'의 공격을 막아내긴 했지만, 국력은 나날이 쇠퇴했다.

기원전 525년에 신흥강국 페르시아가 이집트를 점령하면서 이집트 문명은 막을 내렸다. 파피루스에 사용되었던 이집트 상형문자도 그리스 자모의 영향을 받아 콥트어Coptic로 변모했다. 상형문자가 점차 자취를 감춰갈 즈음, 화려했던 고대 이집트 문명도 서서히 역사의 뒤안길로 사라졌다.

람세스 2세 신전에서 발굴된 벽화. 람세스 2세가 카데시 전투에서 보인 활약상을 묘사하고 있다.

HISTORY OF WAR

남아시아의 전쟁

고대 인도 문명의 쇠락

기원전 2400년부터 고대 인도의 원주민 드라비다족Dravidians이 인더스 강 문명을 싹 틔우기 시작했다. 가장 대표적인 유적지로 꼽히는 하라파Harappa와 모헨조다로Mohenjo-daro는 현재까지 발굴된 고대 인도의 문화유적지 가운데 가장 오래되었으며 최대 규모를 자랑한다.

하라파와 모헨조다로는 모두 높은 장벽과 깊은 해자로 견고한 수비 체계를 갖추고 있으며 전시에 주민들이 대비할 수 있는 원형 참호까지 갖추고 있다. 하라파 유적의 경우 고성 외벽의 높이가 15미터, 바닥 두께가 12미터에 달하며 벽돌을 사용해 만들었다. 이처럼 거대한 규모의 방어 장벽은 당시 인도의 강력한 국력을 대변하는 동시에 전쟁이 매우 빈번하게 발생했음을 알려준다. 이 두 유적지의 중앙에는 방대한 규모의 곡물창고가 자리하고 있다. 벽돌로 바닥을 깔고 목재를 이용해 여러 층을 구축했으며 통풍을 고려해 창문까지 설치했다. 곡물창고는 인더스 강 문명 특유의 건축구조를 그대로 보여준다. 곡물창고는 전시나 흉년에 대비해 막대한 양의 식량을 저장하는 데 사용되었다. 성 주변에는 방어 탑을 건축하고

모헨조다로 유적

성안에는 목욕탕과 학교 등 대형 건축물들이 들어서 있다. 건축의 규모와 구조, 복잡한 설계, 견고성 등으로 미루어 하라파와 모헨조다로는 당시 일국을 대표하는 도시였다고 볼 수 있다.

기원전 1750년에 이 두 도시는 돌연 몰락했는데 그 원인은 명확하지 않다. 이때부터 아리아인들이 빈번하게 침략하기 시작했으며 베다 시대가 열리는 기원전 14세기 전까지는 혼란의 시대가 이어졌다. 그러나 당시의 시대상에 대해서는 구체적으로 밝혀진 바 없다.

베다 시대의 전쟁

기원전 14세기에 아리아인들이 남아시아 대륙을 침략해 인도를 점령했다. 당시의 역사를 기록한 문헌 《베다Vedas》와 여기에 주석을 단 《브라흐마나Brahmana》(범서梵書)가 발견되면서 이 시기는 '베다 시대'로 불리게 되었다. 베다 시대는 인도가 여러 국가로 분열되는 기원전 6세기까지 계속되었다. 아리아인들이 성전처럼 받들었던 《베다》는 '지식', '학문'이란 뜻으로 〈리그베다〉, 〈사마베다〉, 〈야주르베다〉, 〈아타르바베다〉 등 네 부분으로 구성되어 있으며, 제사장들이 제사에 사용했던 가곡, 경문, 주문 등을 모아 놓았다.

베다 시대의 전쟁은 주로 아리아인들과 토착민들 사이에 일어났다. 아리아인들이 인도를 점령한 후에도 아리아 부족 간에 정치적 우위를 차지하기 위한 충돌과 전쟁이 계속되었다. 〈리그베다〉에 당시 발생했던 대규모 전쟁 기록이 나온다. 열 개 부락의 왕이 동맹을 맺고 가장 강력한 세력을 형성하고 있었던 바라타Barata 왕국의 수다스Sudāsa 왕에 대항해 전쟁을 벌인 것이다. 결과는 동맹국들의 패배로 끝이 났지만, 당시에 이미 동맹 결성이 이뤄진 것으로 미루어 전쟁 규모가 매우 컸음을 알 수 있다.

'10왕의 전쟁'이 끝난 후부터 기원전 9세기까지는 '포스트 베다 시대'로 불린다. 이 시기에는 바라타족 내부 갈등으로 인한 대규모 전쟁이 발생했는데 바라타 왕조의 대서사시 〈마하바라타Mahābhārata〉에서 이와 관련된 기록을 찾아볼 수 있다. 바라타족의 후예 카우라바Kaurava 족과 판다바Pandava 족 사이에 벌어진 이 전쟁은 북인도의 모든 부족이 참전할 정도의 대규모 전쟁이었다.

인도를 침략한 아리아인들에 의해 베다 문명의 막이 올랐다.

분열과 전쟁

고대 인도에 노예제 국가가 등장한 것은 기원전 8세기 무렵이다. 백여 년 동안 정복전쟁이 이어지면서 일부 국가는 이미 거대한 세력을 형성하기 시작했다. 기원전 6세기 초, 남아시아 대륙은 16개국이 세력을 다투는 '분열의 시대'로 진입했다. 이러한 분열 양상은 기원전 4세기 마우리아 왕조가 들어설 때까지 지속되었다.

'분열의 시대'에 약소국들은 힘을 키워 대국으로 발돋움하려 했다. 그러나 워낙 땅덩어리가 크고 상황이 복잡하게 얽혀 있어 통일국가를 이룩하기란 쉽지 않은 일이었다. 분열의 시대 말기에 이르러 갠지스 강 중부에서 세력을 구축한 칼링가Kalinga 왕국이 점차 주변국들을 점령하며 북인도 지역을 통일하는 데 성공했다. 기원전 4세기 칼링가 왕국의 난다Nanda 왕조에 이르러서야 인도는 비로소 통일을 이룩했으며, 이는 후에 강성한 마우리아 왕조가 탄생하는 기반을 형성했다.

HISTORY OF WAR

고대 서남아시아의 전쟁

중국의 황하 문명은 메소포타미아, 고대 이집트, 고대 인도 문명에 비해 상대적으로 낙후되어 있었다. 그러나 청동기 시대 최대 규모의 전쟁이 이 지역에서 발생했으며, 병서의 경전으로 불리는 《손자병법》이 탄생하는 등 전쟁사의 한 획을 긋는 굵직한 사건들이 많았다. 그 후 2천 년 동안 중국은 전술, 무기 분야에서 눈부신 발전을 이룩했다.

고대 중국의 치수治水사업으로 유명한 우왕禹王. 우왕의 권위와 명성에 힘입어 그의 아들 계啓는 중국 역사상 최초의 왕조 하夏나라를 세웠다.

명조鳴條 전투

우왕의 아들 계는 중국 역사상 최초의 왕조 하나라를 세웠다. 하나라는 상商나라를 창시한 탕왕湯王에 의해 멸망했다. 탕왕은 명조 전투에

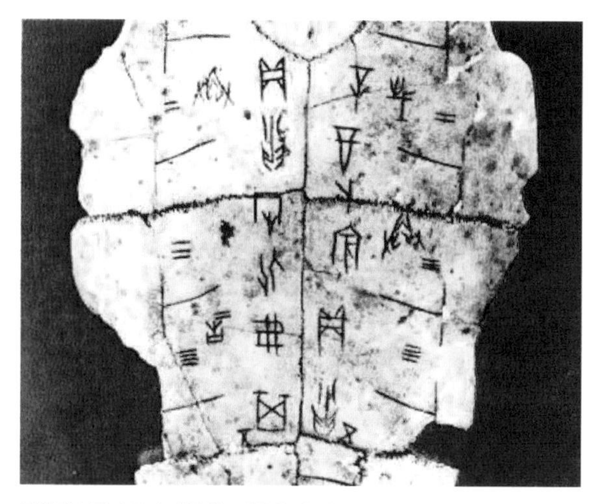

탕왕이 이윤과 만나 대화하는 내용을 기록한 갑골문

서 승리함으로써 하나라를 멸망시켰다. 이때부터 중국 역사에는 전쟁을 통해 새로운 왕조가 탄생하는 일이 빈번하게 발생했다.

당시 하나라는 걸왕桀王이 다스리고 있었다. 탕왕은 하나라의 내부 사정을 정탐하기 위해 이윤伊尹이란 인물을 두 차례 파견했다. 당시 하나라의 민간에서는 "하늘도 하나라를 긍휼히 여기지 않으니 하나라의 운명이 다했도다.上天弗恤, 夏命其卒"라는 민요가 유행하고 있었다. 걸왕이 민심을 잃고 사회에 위기감이 고조되고 있음을 간파한 탕왕은 하나라에 군사행동을 감행하기 시작했다.

탕왕은 우선 하나라의 동맹국들을 제거해 걸왕을 고립시킬 계획을 세웠다. 이에 갈葛을 시작으로 하나라 동쪽에 위치한 위韋와 고顧를 연이어 멸망시켰다. 그리고 하나라의 최대 동맹국이었던 곤오昆吾를 멸망시킴으로써 하나라를 철저히 고립시켰다.

탕왕은 전면 공격에 앞서 다시 이윤을 하나라로 들여보내 정세를 살폈다. 당시 걸왕은 관봉룡關逢龍 등 충신을 무참히 죽여 민심을 완전히 잃었으며, 사회 전체에 공포 분위기가 만연되어 있었다. 탕왕은 하나라에 대한 조공을 중단하고 상태를 관망했다. 대노한 걸왕은 구이九夷(중국이 동쪽의 아홉 이민족을 통칭하던 말로 견이畎夷·우이于夷·방이方夷·황이黃夷·백이白夷·적이赤夷·현이玄夷·풍이風夷·양이陽夷를 가리킴) 회동을 갖고 동맹을 맺어 탕왕을 공격하려 했다. 그러나 구이족 가운데 선뜻 나서는 자가 없었을 뿐만 아니라 오히려 일부는 공개적으로 반대 입장을 분명히 밝혔다. 탕왕은 하나라를 공격할 적기가 왔음을 직감했다.

탕왕의 출병에 당황한 걸왕은 예서豫西(지금의 허난 성河南省 서부) 지역으로 황급히 달아났다. 그러나 황하를 건넌 탕왕의 군대와 명조(鳴條, 지금의 산시 성山西省 안이 현安邑縣 지역)에서 일전을 벌이게 되었으며 결국 걸왕의 부대는 대패하고 걸왕은 남소南巢(지금의 안후이 성安徽省 차오셴 현巢縣 지역)로 달아나다 죽임을 당했다.

명조 전투는 중국 전쟁사상 최초로 속전속결 전술로써 승리를 거둔 사례이며, 중국 역사상 매우 중요한 사건으로 꼽힌다.

주왕紂王의 동이東夷 정벌

상나라 말기, 무을武乙, 문정文丁, 상을商乙, 제신(帝辛, 일명 주왕紂王)이 차례로 왕위를 계승했다. 이 네 명의 왕은 모두 무력을 중시했으며 호전적인 성향이 강했다. 이 때문에 상나라의 마지막 군주 주왕을 제외한 나머지 세 명의 왕은 시호諡號에 모두 '무武'자가 포함되어 있다. 무을은 '무조을武祖乙', 문정은 '문무文武' 또는 '문무정文武丁', 상을은 '문무제文武帝' 또는 '문무제을文武帝乙'이라 칭했다. 망국亡國의 군주란 오명을 쓴 주왕은 시호가 없다. 그는 재위기간에 수많은 전쟁을 일으켰으며 그중에서도 특히 동이 정벌이 유명하다.

그렇다면 주왕은 왜 동이 정벌을 감행했던 것일까? 주왕이 여黎에서 실시한 군사 훈련에 동이가 참가를 거부했기 때문이라는 설이 있지만, 실제로는 계급 갈등이 격화되고 있는 상나라의 내부 정세를 전쟁을 일으켜 만회하려 했던 것으로 보

'걸왕'의 초상. 포악한 제왕의 전형으로 꼽히고 있지만, 역사학자들의 연구에 따르면 그는 매우 뛰어난 군주였으며, 다만 주周나라 사람들에 의해 추악하고 부정적으로 묘사되었다고 한다.

인다. 주왕이 동이와 벌인 전투에 대해서는 사료에 명확하게 기재된 바 없다. 어마어마한 수의 포로를 잡았다는 기록으로 보아 그 규모가 상당했을 것으로 짐작된다.

주왕은 동이 정벌을 통해 상나라 왕조의 통치를 공고히 하고 중원의 경제, 문화 발전을 유지하려 했다. 그 결과 중원의 선진문화가 주변 지역으로 전파되고 민족의 융화를 꾀하는 긍정적인 성과를 얻어내기도 했다. 그러나 약탈과 포로들에 대한 가혹행위로 주변국과의 갈등이 깊어졌다.

동이는 상나라에서 멀리 떨어져 있고 교통이 불편했다. 이에 주왕은 '선봉대'를 조직해 먼저 동이에 투입했다. 선봉대는 주력군이 순조롭게 진입할 수 있는 길을 열어주는 역할을 했다. 이는 역사상 최초로 선봉대를 투입한 전쟁으로 평가받고 있다. 또한 말과 소를 운송수단으로 이용해 기동성을 높였다.

주왕이 동이 정벌의 승리감에 도취되어 있을 무렵, 주나라 무왕武王이 이끄는 연합군이 상나라로 진격했다. 상나라 군대는 처음 맞붙은 전투에서 대패했으며 주왕은 스스로 목숨을 끊었다. 이로써 상나라는 멸망하고 중국은 주나라의 시대로 진입했다.

세계 최초의 병서 《손자병법孫子兵法》

열국의 전쟁으로 혼란했던 춘추전국 시대에는 수많은 병서가 탄생했다. 그중 《손자병법》은 단연 최고로 꼽힌다.

《손자병법》은 춘추시대를 전후해 발생한 전쟁의 전모와 전술을 심도 있게 파헤치며 전쟁의 규칙을 일정 수준 발견해내는 데 성공했다. 특히 전쟁의 본질을 인식하고 전쟁의 승패는 '사람'에 달렸음을 강조했다. 전쟁 중에 발생하는 기정奇正, 허실虛實, 용겁勇怯, 강약強弱, 이위利危, 공수攻守 등 상반된 현상과 이를 되바꿀 수 있는 전략을 모색하는 변증법적 사고에 중점을 두었다. 또한 《손자병법》에 등장하는 '지피지기 백전불태百戰不殆(知彼知己, 적을 알고 나를 알면 백전불패이다)', '공기무비 출기불의攻其無備 出其不意(적이 미처 대비하지 못한 때에 공격하고, 적이 미처 알아차리지 못한 때에 출격하라)', '치인이불치우인致人而不致于人(적을 다룰 줄 알되, 적에게 휘둘려서는 안 된다)' 등의 전술은 현대전에 대입해도 전혀 손색이 없을 정도이다.

중국에서 '병성兵聖'으로 불리는 손무孫武의 초상.

《손자병법》은 군사 이론과 철학 사상을 집대성한 당대 최고의 병서이며 지금까지도 매우 큰 영향을 끼치고 있다. 당나라 중엽에 일본으로 전해졌으며 18세기 후반에는 프랑스를 거쳐 러시아, 영국, 독일에까지 전파되었다.

전국 시대의 병서로는 《오자병법吳子兵法》, 《사마법병법司馬法兵法》, 《손빈병법孫臏兵法》, 《울요자병법尉繚子兵法》, 《육도병법六韜兵法》 등이 대표적이다. 이러한 병서들은 《손자병법》의 군사 사상을 계승하면서 새로운 이론을 선보이기도 했다. 한 예로 《울요자병법》에는 '병법에서 무武는 줄기요, 문文은 씨앗에 해당한다. 무武와 문文은 마치 겉과 속 같은 것이다.'라는 사상이 소개되어 있으며 《손빈병법》에는 부국강병의 이론, 국가가 부유해야만 강력한 군사력을 보유할 수 있다는 주장이 나온다.

HISTORY OF WAR

에게 문명

에게 문명의 발달

기원전 2000년경부터 크레타 섬Crete Island에는 도시국가가 등장하고 청동기가 사용되기 시작했다. 이들 도시국가는 모두 거대한 궁전을 중심으로 발달해 '궁정국가'라고 불리기도 한다. 궁전은 정치, 경제, 종교의 중심지였으며 도시는 그저 궁전의 부속품에 불과했다. 기원전 1600년경 크노소스Knossos에 당시 최고의 해상강국 미노스Minos 왕조가 들어섰다. 세계 최초로 해군을 보유했던 이 왕조는 크레타 섬을 중심으로 에게 해, 나아가 그리스 아테네까지 세력을 뻗었다.

기원전 1400년경 크노소스 성이 갑자기 몰락했다. 그 뒤를 이어 크레타 섬의 다른 궁전들도 하나둘씩 몰락하기 시작했다. 이때부터 크레타 문명은 쇠퇴일로를 걷게 되었으며 에게 문명의 중심은 그리스 본토로 옮겨갔다.

기원전 1600년에 아카이아인이 미케네를 중심으로 그리스 남부에 도시국가를 건설하면서 미케네 문명의 서막이 올랐다. 미케네 문명은 거대한 궁전을 중심으로 발전했으므로 역사적으로는 크레타 문명 역시 그대로 이어진 것으로 볼 수 있다.

트로이 전쟁

기원전 12세기 초에 발생한 트로이 전쟁은 서양 역사상 최초의 대규모 해상 원정으로 알려져 있다. 미케네를 중심으로 한 그리스 연합군이 선박 1,200척을 이끌고 에게 해를 건너 소아시아(지금의 터키)의 트로이 성을 공격한 것이다.

그리스 신화를 통해 잘 알려졌듯이 트로이의 왕자 파리스가 스파르타 메넬라오스 왕의 왕비 헬레나와 사랑에 빠져 그녀를 트로이로 데려왔다. 메넬라오스의 형이자 미케네의 왕이었던 아가멤논은 이를 빌미로 그리스 연합군을 결성해 트로이를 공격했다. 전쟁은 9년 동안이나 지속되었고 그리스와 트로이 모두 막대한 손실을 보았다. 전쟁이 발발한 지 10년째 되던 해에 그리스 연합군 오디세우스의 '목

미케네 고성 유적 서북쪽에 위치한 '사자 문Lion Gate'. 험준한 요새에 자리해 적을 방어하기에 유리했다. 돌 전체를 세워 만든 기둥 위에 거대한 바위로 문미門楣를 만들어 얹고 문미 위에 다시 사자 두 마리의 머리를 새긴 부조가 있다. '사자 문'이란 명칭도 여기에서 유래했다.

마' 계획이 성공하면서 트로이 성은 함락되었다.

실제 트로이 전쟁의 원인은 신화에 소개된 것처럼 간단하지만은 않았다. 고대 그리스 민족은 해상 무역을 통해 이익을 추구하는 모험심과 정복 정신이 강한 민족이었다. 소아시아 동북 해안에 자리한 트로이 성은 에게 해와 지중해를 통해 흑해로 들어가는 길목을 막아 그리스와 흑해 연안 민족 간의 무역을 방해했던 것이다. 트로이 성은 해안에 드넓은 평원이 자리해 목축업이 발달했으며 이를 통해 많은 부를 축적할 수 있었다. 트로이가 이렇게 축적한 막대한 부를 바탕으로 활발한 대외무역을 추진하자 그리스는 심기가 불편할 수밖에 없었다. 소아시아 서부를 차지하고 있던 히타이트 왕국의 세력이 약화되는 틈을 타 아가멤논은 소아시아 서부에 세력을 확대하려는 야심을 품게 되었다. 비록 트로이 전쟁에서 그리스 연합군이 승리하긴 했지만, 그리스 미케네 문명도 이때부터 쇠퇴일로를 걸었다. 전쟁으로 인해 막대한 국력이 소모되었기 때문에 그리스는 '해상 민족'의 침략을 당해낼 수 없었다. 게다가 그리스 북부에 집결해 살던 도리아인들이 이때를 노려 침입해 옴에 따라 미케네는 결국 멸망하고 말았다. 도리아인들은 아테네를 제외한 그리스 중부 지방과 펠로폰네소스 일대를 모두 차지했다.

《호메로스 서사시》에 나오는 삽화의 한 장면. 트로이 전쟁을 묘사하고 있다.

트로이 전쟁은 트로이의 멸망으로 끝났지만, 그리스의 승리라고 볼 수도 없었다. 오히려 에게 해의 해상 운송로가 파괴되면서 그리스인들의 해상권 장악에 대한 꿈은 물거품이 되었고 국력은 소진되어 외부 세력의 침략에 속수무책이었다. 기원전 11세기부터 기원전 9세기까지 그리스는 '호메로스 시대'로 불리는 암흑의 시기를 보내게 되었으며 찬란했던 문명도 더 이상 빛을 발하지 못했다.

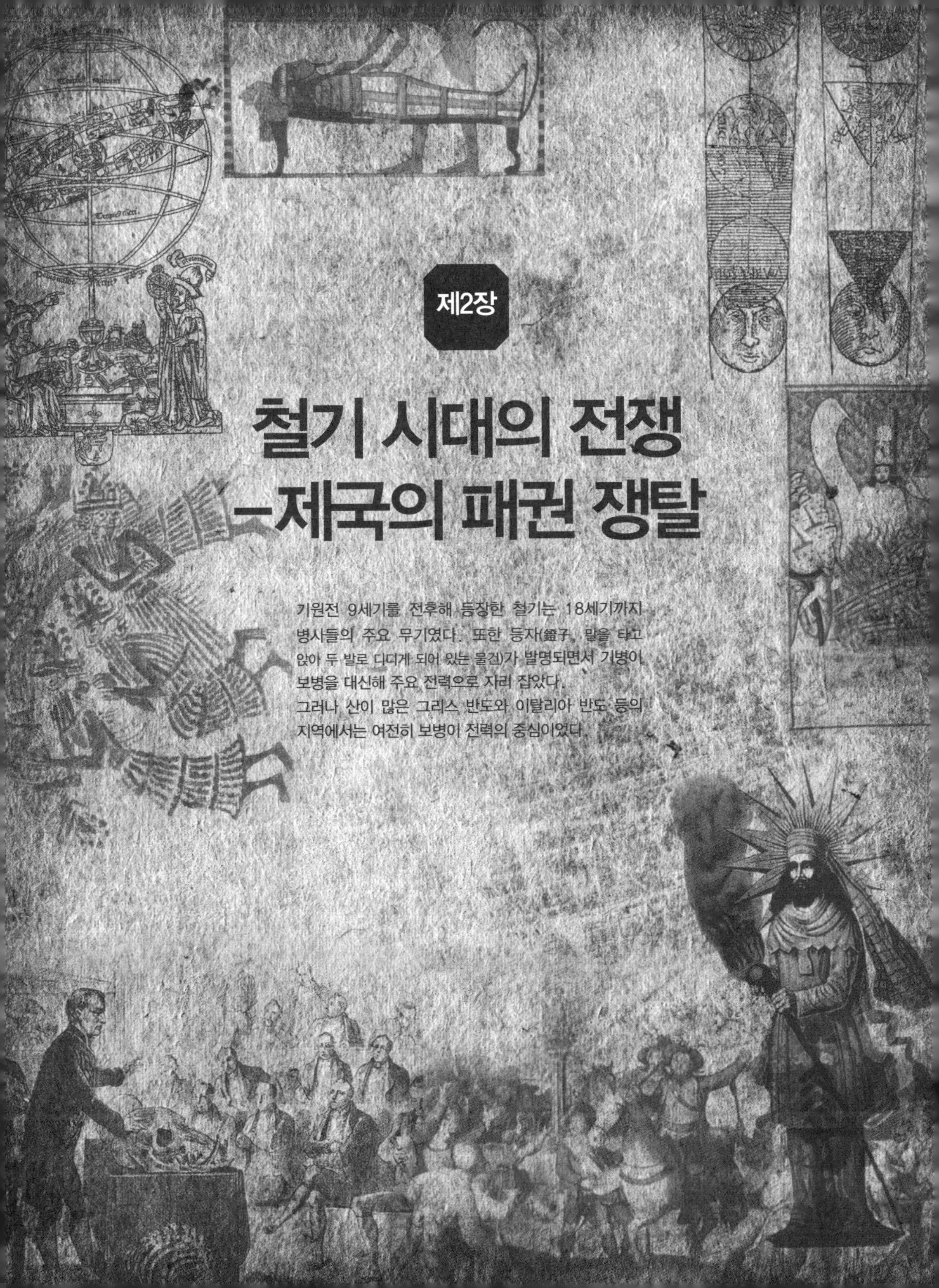

제2장

철기 시대의 전쟁 –제국의 패권 쟁탈

기원전 9세기를 전후해 등장한 철기는 18세기까지 병사들의 주요 무기였다. 또한 등자(鐙子, 말을 타고 앉아 두 발로 디디게 되어 있는 물건)가 발명되면서 기병이 보병을 대신해 주요 전력으로 자리 잡았다.
그러나 산이 많은 그리스 반도와 이탈리아 반도 등의 지역에서는 여전히 보병이 전력의 중심이었다.

HISTORY OF WAR

서아시아 제국

아슈르-나시르-팔 2세

아시리아는 세계 최초의 '군사 제국'이라 할 수 있다. 역대 제왕들이 모두 대외 정복 전쟁에 몰두했으며 고대 국가 가운데 가장 발달된 군사 설비를 갖췄다.

메소포타미아 북부에 자리하고 있으며 기원전 3000년경 티그리스 강 유역의 아슈르Assur 성을 중심으로 도시국가로 발전했다. 아카드제국의 사르곤 대왕과 바빌로니아 제국의 함무라비 대왕 등 강력한 왕들의 집권기에는 완전한 독립을 이루지 못한 신하 나라에 불과했다. 그러나 이들 제국의 세력이 약화되자 그 틈을 타서 독립했다. 그리고 마침내 아슈르-나시르-팔 2세Ashurnasirpal II(기원전 883~859년)가 집권하면서 메소포타미아 지역 최대 강국으로 부상했다.

아슈르-나시르-팔 2세는 공기를 주입한 고무 뗏목을 만들어 타고 유프라테스 강을 건너 카르케미시Carchemish성을 정복할 정도로 대외 원정에 힘을 쏟았다. 카르케미시 성의 군주는 6.5톤에 달하는 철을 포함해 막대한 조공을 바쳤는데 이는 당시 아시리아가 이미 철기 시대에 진입했음을 알 수 있는 대목이다. 기원전 9세기에서 8세기경 아시리아 군대는 이미 철제 무기와 갑옷으로 무장했다.

또한 창, 쇠망치, 도끼, 비수, 활, 성벽을 허무는 추錘, 투석기 등 공격용 무기와 투구, 갑옷, 방패 등 방어용 무기를 갖췄을 뿐만 아니라 전차도 보유했다.

아슈르-나시르-팔 2세 신전의 부조. 제왕의 위엄을 잘 재현해 냈다는 평가를 받고 있다.

군사 개혁

기원전 800년경부터 아시리아 본토와 정복 지역에서 민중 봉기가 일어나기 시작했다. 아시리아의 새 수도 니네베 성 밖까지 동란이 일어나는 등 아시리아 왕권은 붕괴 일보 직전의 위기에 직면했다. 왕권이 약화된 틈을 타서 티글라트 필레세르 3세Tiglathpileser III(기원전 744~727년 재위)가 군사 쿠데타로 왕위에 올랐다. 그는 정치적 군사적 역량이 매우 뛰어난 인물이었다.

과감한 군사 개혁을 통해 상비군을 결성하고 대외 원정을 준비했다. 모병제를 통해 모집한 병사들에게도 엄격한 훈련을 실시했다. 어느 때나 전쟁에 동원할 수 있는 정규상비군을 창설했으며 국왕을 호위하는 근위대도 결성했다.

티글라트 필레세르 3세는 보병, 기병, 전차부대의 편제 강화에도 주력했을 뿐 아니라, 특히 공병대工兵隊와 치중부대輜重部隊(군대 물자를 담당하는 부대)를 최초로 상설한 점은 주목할 만하다. 공병대는 군대에서, 축성築城·가교架橋·건설·측량 따위의 임무를 맡는 부대로서 군수 기술 발전에 큰 공헌을 했다.

티글라트 필레세르 3세의 조각상. 세계 최초로 체계적인 대규모 군사 개혁을 주도했던 그는 세계 군사 역사의 한 획을 그은 인물로 평가받고 있다. 그의 개혁으로 아시리아의 국력은 크게 신장되었으며 대외 정복 전쟁을 향한 발걸음 또한 더욱 빨라졌다. 아시리아 제국의 대외 정복 전쟁은 서아시아, 북아프리카 문명의 연결고리를 형성해주는 역할을 했다. 이는 후에 페르시아 제국 알렉산드로스 대왕의 대외 정복 전쟁에 발판을 마련해 주었다.

아시리아의 국왕은 직접 군대를 통솔해 전쟁에 임했으며 그 산하에 백인대장, 오십인대장, 십인대장을 두었다. 아시리아 군대는 특히 게릴라전에 능해, 적이 미처 전투준비를 하기 전에 공격을 감행해 신속하게 전쟁을 끝냈다.

철기로 무장한 이들은 전차병, 기병, 보병, 공병, 치중병 등으로 나뉘어 협동작전을 수행함으로써 그 기능을 최대한 발휘할 수 있었다.

기병騎兵부대의 발전

아시리아 제국 초기, 사르곤 2세Sargon II가 집권하기 전까지 기병은 전차병보다 그 역할과 지위가 미미해 전장에 투입되는 경우가 매우 드물었다. 티글라트 필레세르 3세가 집권한 후에도 소수의 기병만이 국왕의 칙령을 전달하는 사자의 역할을 담당하는 정도였다. 그러나 사르곤 2세, 센나케리브Sennacherib 국왕 시대에 이르러 이러한 상황은 역전되었다. 전차는 국왕이 타는 상징적인 존재로 전락한 대신 기병부대가 전장을 누비기 시작했다.

사르곤 2세가 집권하기 전까지 아시리아에는 아직 말안장과 등자가 없었다. 안장이 있으면 두 다리는 자연스럽게 말 양측으로 뻗을 수 있다. 하지만 안장이 없는 상황에서는 두 무릎을 말 목 부위에 가까운 등에 꼭 붙여야만 말에서 떨어지지 않을 수 있었다.

당시 기병들의 주요 무기는 활이었다. 검과 방패를 소지했을 수도 있겠지만, 현재까지 발굴된 부조에서는 이러한 사례를 찾아볼 수 없다. 기병은 전장에서 둘씩 짝을 지어 다녔다. 한 명은 궁수이고 나머지 한 명은 궁수가 제대로 활을 쏠 수 있도록 말을 끌어주는 역할을 했다. 말을 끄는 자는 머리에 두건을 쓰고 무릎까지 오는 간편한 반팔옷을 입었으며 허리를 졸라맸다. 궁수는 투구를 쓰고 수를 놓은 옷을 걸쳤으며 허리띠를 착용했다.

말안장이 없던 시대에 기병의 공격력은 전차병에 비해 미약할 수밖에 없었다. 사르곤 2세 집권기에 말안장이 발명되면서 기병은 기동성과 공격력을 앞세워 전차병의 기능을 앞지르게 되었다.

군사 제국 아시리아의 멸망

아시리아는 군사 제국이란 명칭에 걸맞게 피와 전쟁의 역사를 써내려갔다. 특히 티글라트 필레세르 3세 집권기에는 숱한 대외 원정을 통해 아시리아 제국 최대의 영토를 확보했다. 동쪽으로는 이란 고원 서부와 인접하고 서쪽으로 지중해, 남쪽으로 페르시아 만, 북쪽으로 티그리스·유프라테스 강 상류에 이르렀다.

그러나 전쟁으로 얻은 영토는 불완전하고 일시적인 것에 불과했다. 결국 아시리

아리시아 왕궁 복원도

아 제국은 최고의 전성기를 정점으로 점차 쇠퇴하기 시작했다. 특히 아슈르바니팔Ashurbanipal 왕이 죽은 후 국력은 나날이 약화되었다. 이 틈을 타서 칼데아Caldea족의 나보폴라사르Nabopolassar가 왕을 자칭하며 기원전 626년에 바빌로니아 제6왕조를 세웠다. 나보폴라사르는 북쪽으로 아시리아를 정복하고, 서쪽으로 유다왕국을 침략하는 등, 그 세력이 고대 바빌로니아 왕국에 버금갈 만큼 강성했다. 바빌로니아 제6왕조는 역사적으로 신바빌로니아 왕국(기원전 626~539년)으로 불리기도 한다.

신바빌로니아 왕국의 발전

신바빌로니아 왕국은 기원전 604년 네부카드네자르 2세Nebuchadnezzar II가 집권하면서 최고의 전성기를 맞이했다. 네부카드네자르 2세는 젊은 시절부터 부친인 구고앙을 따라 전장을 누볐기 때문에 전쟁 경험이 아주 풍부했다. 그가 즉위할 당시 바빌로니아 국내 정세는 매우 안정적이었으며 대외 전쟁에 나설 수 있을 만큼의 국력이 있었다. 아시리아가 멸망한 후에는 메디아, 이집트와 함께 팽팽한 3국 대립 구도를 형성했다.

기원전 604년에서 기원전 602년까지 네부카드네자르 2세는 시리아, 팔레스타

신바빌로니아 왕국의 '공중정원' 상상도. 고대 그리스인들의 감탄과 탄성을 자아냈다고 전해지는 이 정원은 지금도 인류의 무한한 상상력을 자극한다.

인 지역의 수많은 군소 국가들을 상대로 전쟁을 일으켰다. 그 결과 다마스쿠스 Damascus를 비롯해 시돈Sidon, 티르Tyre, 유다 왕국은 모두 신하 나라가 되어 조공을 바치기 시작했다. 그러나 기원전 601년 이집트가 신바빌로니아 군대를 대파하고 그들의 수중에서 벗어나자 유다 왕국은 신바빌로니아 대신 이집트와 결탁했다.

이에 분노한 네부카드네자르 2세는 기원전 598년에 유다 왕국을 공격해 예루살렘을 포위했다. 기원전 597년 3월 결국 유다 왕국이 투항하자 신바빌로니아 군대는 예루살렘으로 들어가 약탈을 자행했다.

기원전 588년에는 이집트가 팔레스타인을 공격했다. 유다 왕국을 비롯해 신바빌로니아의 신하 나라들이 이집트에 동조하자 네부카드네자르 2세는 다시 예루살렘을 포위했다.

그러나 예루살렘 성의 해자가 워낙 견고해 1년 6개월 동안 대치국면이 지속된 후에야 예루살렘 성을 함락시킬 수 있었다. 그는 예루살렘 성벽을 허물고 성 안의 모든 주민을 포로로 잡아 바빌로니아로 압송했다. 이 사건이 바로 역사적으로 유명한 '바빌론유수'이다.

예루살렘이 함락된 후, 이집트는 더 이상 시리아, 팔레스타인 지역에 근접할 엄두를 내지 못했으며 통치 기반을 확고히 다진 신바빌로니아 왕국은 눈부신 번영을 이룩했다.

그러나 이러한 번영도 오래가진 못했다. 네부카드네자르 2세가 세상을 떠난 후 30년이 채 되지 않아 신흥 강국 페르시아가 신바빌로니아 왕국을 위협하기 시작했기 때문이다. 결국 기원전 538년, 신바빌로니아 왕국은 페르시아에 의해 멸망하고 말았다.

페르시아 제국의 흥성

페르시아 제국은 기원전 6세기 후반에 이란 고원 서남부를 중심으로 세력을 키우기 시작했다. 전쟁을 통해 영토를 확장하고 노예제 사회에서 제국의 단계로 발전했다. 페르시아인은 '약탈'을 '노동'보다 훨씬 값어치 있게 생각한다. 또한 '용맹'과 '무공'은 가장 큰 미덕으로 손꼽혔다. 막강한 군사력을 바탕으로 정복 전쟁에 열을 올렸던 페르시아는 키루스Cyrus와 캄비세스Cambyses 집권기인 기원전 546년에서 기원전 525년 동안 소아시아의 리디아, 신바빌로니아, 중앙아시아, 이집트를 차례로 점령했다. 여기에 팔레스타인, 페니키아Phoenicia까지 통제하며 아시아와 아프리카를 아우르는 대제국을 건설했다.

기원전 586년 신바빌로니아 왕국은 예루살렘 성을 함락시켰다. 네부카드네자르 2세는 성벽을 허물고 성 안의 모든 주민을 포로로 잡아 바빌로니아로 압송했다. 이 사건이 바로 역사적으로 유명한 '바빌론유수'이다.

기원전 522년에 다리우스Darius가 왕위에 오른 후 대대적인 군사 개혁을 단행했다. 그는 페르시아 영토를 5대 군사구역으로 나누고 군사구역별로 지역을 관할하도록 했다. 또한 보병, 기병, 해군으로 구성된 상비군을 결성하고 천부장千夫長, 백부장百夫長, 십부장十夫長 등의 군대 지휘관을 두었다. 페르시아인으로만 구성된 최정예부대는 '불사조 부대'로 불렸다. 정원은 1만 명을 유지했으며 결원이 생길 때면 즉시 충원되었다. 그리스의 역사학자 크세노폰Xenophon은 페르시아는 전공을 세운 인물을 우선적으로 포상 대상자로 선정했다고 한다. 다리우스 왕은 점령지역 이민족 가운데에서도 병사를 선발해 군대를 조직했다. 물론 최고책임자는 페르시아인이 맡도록 했다. 이 밖에도 중앙과 지방 사이에 긴밀한 네트워크를 구축해 군대의 신속한 동원과 이동을 꾀했으며, 도로를 건설하고 역참을 설치해 편리한 교통체계를 확립했다.

다리우스 왕의 대대적인 개혁에 힘입어 페르시아의 군사력은 크게 증강되었다. 기원전 514년에서 기원전 513년, 그는 보스포러스Bosporus 해협을 건너 유라시아로 진격했다. 비록 스키타이족Scythians 정복에는 실패했지만 트라키아Thrace와 흑해 해협을 차지하면서 그리스의 흑해 진출을 차단하게 되었다. 다리우스 왕은 일부 군대를 트라키아에 주둔시키고서 철수했다. 그는 그리스의 통로를 차단하는 데 그치지 않고 그리스 반도를 통째로 점령할 생각이었다. 유라시아와 아프리카를 아우르는 대제국 건설이 그의 목표였기 때문이다.

기원전 500년, 페르시아의 핍박을 견디다 못한 그리스 도시국가들이 반기를 들기 시작했다. 이는 결국 그리스 페르시아 전쟁으로 치달았다. 밀레투스Milletus를 비롯한 소아시아의 도시국가들은 스파르타와 아테네에 원조를 요청했다. 스파르타는 노정이 길고 해군이 없다는 핑계를 대어 원조를 거절했지만, 아테네는 20척의 군함을, 또 밀레투스의 동맹국 에리트레아Eritrea는 5척의 군함을 파견했다. 그러나 모두 페르시아군에 대패하고 말았다. 기원전 497년에 페르시아는 총병력으로 밀레투스를 공격했으며, 기원전 495년에 마침내 밀레투스를 함락시켰다. 이를 계기로 다리우스 왕은 그리스 도시국가들을 하나둘씩 식민지로 삼기 시작했다. 또한 다리우스 왕은 아테네와 에리트레아가 밀레투스에 원군을 파견한 것을 빌미 삼아 마침내 그리스에 대한 공격을 감행했다. 본격적인 그리스 페르시아 전쟁이 시작된 것이다.

그리스의 분열과 전쟁

아테네와 스파르타

그리스 도시국가는 대개 기원전 8세기에서 기원전 6세기에 걸쳐 형성되었다. 200여 개의 크고 작은 도시국가 가운데 민주정치를 실시하고 있던 아테네와 귀족 과두정치寡頭政治를 실시하고 있던 스파르타가 자웅을 겨뤘다.

아테네는 부락 단위로 시민이 곧 군인으로 편제되는 민병일치제民兵一致制를 실시하고 있었다. 항해, 해운, 대외 무역을 중시해 상공업이 발달했으며 강력한 해군을 보유했다. 해군 부대는 기원전 5세기 전에 이미 기틀이 확립되어 있었으며, 기원전 480년에 테미스토클레스Themistocles가 함대를 결성한 후부터 전성기를 구가했다.

고대그리스 방진의 형태를 확인할 수 있는 화병.

반면 보병은 해군에 비해 전력과 지위가 다소 떨어졌다. 산이 많고 지형이 험준한 그리스의 특성상 보병의 활용도가 낮았기 때문이다. 중장보병의 경우 2미터 길이의 창을 비롯해 단검, 방패 등으로 무장했으며, 경장보병은 표창과 활로 무장했다.

스파르타 역시 '민병일치제'를 실시했다. 스파르타의 시민은 평생 군인으로서의 삶을 살았다고 해도 과언이 아니다. 격검擊劍, 행군, 격투 등의 군사훈련을 받았으며 특히 군가軍歌를 부르며 사기를 북돋았다고 한다.

아테네와 달리 스파르타의 주요 병력은 보병이었다. 긴 창과 단검으로 적과 육박전을 벌였으며, 구리를 상감한 원형 방패, 풀로 엮은 무릎 보호대, 철제 투구, 금속 흉갑胸鉀 등 방어 장비를 착용했다. 이들 장비의 무게가 30킬로그램에 달하는 것에서 알 수 있듯이 스파르타의 보병은 대부분 중장보병에 속했다.

스파르타는 전투 시에 방진方陣체제를 갖췄다. 아테네도 방진을 갖췄지만, 스파르타의 돌파력을 따라가진 못했다. 전투가 시작되면 창을 든 병사들이 8열 횡대를 갖추어 진군하고, 열과 열 사이의 간격은 행군 시에 2미터, 진격 시에 1미터, 후퇴하는 적을 추격할 때에는 0.5미터를 유지했다. 방진은 마치 창이 꽂혀 있는 벽 전체가 움직이는 것처럼 적을 향해 진군한다. 교전에 앞서 방진의 맨 앞에 포진한 궁수와 투석기 조종 병사들이 사격을 개시해 적진을 교란시키고 본격적인 공격에 돌입하면 이들은 측면과 후방으로 후퇴해 공격을 지원했다.

이러한 방진은 초기 그리스 전쟁에서 그 위력을 발휘했다. 그러나 진영이 너무 방대해 일부 대오가 돌출 또는 낙오되면 전체 전열이 흐트러질 염려가 있었다. 훗날 필리포스와 알렉산드로스는 이를 개선한 '마케도니아 방진Macedonian phalanx'을 고안해냈다. 마케도니아 방진은 로마 제국의 초기 정복 전쟁에 활용되어 로마 정예 부대의 명성을 빛내주었다.

그리스 페르시아 전쟁

그리스 페르시아 전쟁은 기원전 5세기 전반기, 지중해 동부에서 발생했다. 아테네, 스파르타를 중심으로 한 그리스 도시국가들과 페르시아 제국 사이에 일어난 이 전쟁은 동서양 양대 문명의 일대 충돌이었다. 소아시아 서해안의 밀레투스를 비롯해 이오니아Ionia 지역 그리스 도시국가들이 페르시아의 통치에 반기를 들면서 시작되었으며, 기원전 449년에 그리스와 페르시아가 평화조약을 맺으며 종전될 때까지 무려 반세기 동안 지속되었다.

페르시아 병사 채색 부조. 다리우스 1세의 페르세폴리스Persepolos 왕궁 소재.

기원전 492년에 그리스 반도로 진군한 페르시아 군대는 아토스Athos 해안에서 폭풍을 만난 탓에 막대한 손실만 보고 돌아갔다. 그리스의 역사가 헤로도토스Herodotos의 기록에 따르면 당시 파손된 선박이 300여 척에 달하고 실종된 병사 수가 2만여 명에 이르렀다고 한다. 육지로 이동한 부대 역시 스키타이인들의 습격을 받고 수많은 사상자를 낸 후 아시아로 철수했다.

이처럼 1차 원정이 실패로 돌아갔지만, 다리우스 왕의 원정 의지는 꺾이지 않았다. 그는 새로 전함을 건조하며 호시탐탐 침략 기회를 노리는 한편, 그리스 도시국가들을 상대로 영토를 헌납하도록 외교적 압박을 가했다. 페르시아의 위협이 두려워 이에 굴복한 도시국가들도 적지 않았지만, 아테네와 스파르타는 페르시아의 사신을 처형해버리는 등 뜻을 분명히 밝혔다. 결국 격분한 다리우스 왕은 기원전 490년에 2차 원정을 감행하게 되었다.

초반에는 페르시아의 상승세가 이어졌다. 그러나 승패의 결정적인 전투, 마라톤 전투에서 페르시아가 대패하면서 2차 원정도 실패로 이어졌다.

다리우스 왕은 분노에 치를 떨며 다시 3차 원정을 준비했지만, 기원전 488년에 병으로 세상을 떠나고 말았다. 다리우스의 뒤를 이어 그의 아들 크세르크세스Xerxes가 왕위에 올랐다. 그도 부왕의 뜻을 이어 그리스 원정 준비에 박차를 가했다.

막강한 페르시아 제국에 대항하기 위해 그리스 도시국가들은 동맹을 결성할 수 밖에 없었다.

기원전 480년에 크세르크세스가 직접 지휘하는 페르시아 군대가 아비도스Abydos를 출발해 살라미스Salamis 해안으로 진격해왔다. 헤로도토스의 기록에 따르면 육해군을 합쳐 50만 규모에 달했다고 한다. 이에 비해 그리스 연합군은 육군이 11만, 해군 군함이 400척에 불과해 수적으로 매우 열세에 처해 있었다. 게다가 페르시아 주력부대를 상대할 연합군 수는 겨우 1~2만 명 정도여서 전세는 그리스에 극도로 불리했다.

양국의 첫 교전 지역은 테르모필레였다. '천혜의 요새'란 뜻의 테르모필레는 그리스 중남부로 통하는 관문으로 산과 바다에 둘러싸여 있어 통로가 매우 좁았다. 테르모필레에 모인 연합군의 수는 7,200여 명에 불과했지만, 그 핵심에 레오니다스Leônidas가 이끄는 스파르타 정예병사 300명이 포함되어 있었다. 비록 중과부적衆寡不敵으로 모두 전사하고 말았지만, 이들의 희생으로 그리스 연합군 주력부대를 보

테르모필레 전투Battle of Thermopylae에 참전하는 스파르타 정예병사 300명.

호하고 그리스 함대가 살라미스 섬 부근에 순조롭게 주둔할 수 있는 시간을 벌 수 있었다.

기원전 480년 9월 23일, 380여 척 규모의 그리스 함대가 살라미스 섬과 아테네 해안 사이의 좁은 수역에 모습을 드러냈다. 페르시아 함대는 전속력으로 이를 추격하기 시작했다. 함선의 크기와 함대 규모만 보면 페르시아가 압도적 우세를 보였다. 그러나 살라미스 해협처럼 좁은 수역에선 기동력이 뛰어나고 주변 지리에 익숙한 그리스의 소형 함선이 오히려 공격에 더 유리했다. 페르시아 함대는 일렬로 길게 늘어서 수역을 통과할 수 밖에 없었으며 이 과정에서 함선끼리 충돌하는 사례가 빈번하게 발생했다. 그리스 함대는 기다렸다는 듯이 측면에서 페르시아 함선에 맹공을 퍼붓기 시작했다. 저녁까지 이어진 전투에서 천여 척 규모의 페르시아 함대 가운데 300여 척이 격침되면서 페르시아 군대의 전열은 완전히 무너졌다. 그리스 함선의 손실은 40여 척에 불과했다. 살라미스 해전의 승리로 그리스 연합군은 전세를 역전시키는 데 성공했다.

그리스 페르시아 전쟁의 전환점이 된 살라미스 해전Battle of Salamis. 이 전투의 승리를 계기로 아테네는 에게 해와 흑해의 주도권을 쥐게 되어 향후 대외 무역 발전의 기틀을 마련했다. 또한 200여 개의 그리스 도시국가로 결성된 해상 동맹의 권좌를 차지하는 등 해양강국으로서의 위상을 떨치게 되었다.

그러나 기원전 479년에 그리스 북부에 주둔하고 있던 페르시아 군대가 아티카Attika 반도로 진격해 아테네를 점령했다. 이 부대는 다리우스 왕의 사위인 마르도니우스Mardonius가 이끌고 있었다. 페르시아 군대는 와해되기 직전의 위기 상황에서 마침내 마지막 결전 플라타이아 전투Battle of Plataea를 벌이게 되었다. 결과는 페르시아군의 대패로 끝이 났다. 30만 대군 가운데 4만 명이 도주했고, 그중 3,000여 명만이 살아남았으며 마르도니우스도 전사하고 말았다. 이로써 그리스는 대부분의 영토를 되찾았다.

기원전 449년에 그리스와 페르시아는 평화조약을 체결했다. 페르시아가 소아시

라파엘로Raffaello 작 〈아테네 학당Scuola di Atene〉. 학당에 모인 고대 그리스 과학자들의 위풍당당한 모습을 통해 그리스 문명의 전성기를 표현했다.

아 그리스 도시국가들의 독립을 인정하고 에게 해와 흑해 일대를 포기하는 내용으로 그리스의 승리를 공식적으로 선포한 조약이었다.

이 전쟁의 승리를 계기로 그리스 문명은 급속하게 발전했다. 또한 페르시아가 에게 해와 흑해에서 물러남에 따라 해양 교통과 대외 무역도 활기를 되찾으며 상공업 발전에 유리한 환경이 조성되었다. 특히 아테네의 경우 '델로스 동맹Delian League'을 주도하며 해상 패권자로 등극하는 수확을 얻었다. 델로스 동맹국들은 후에 대부분 아테네 제국으로 편입되었다. 한편 이번 전쟁에서 해군 전력의 대다수를 차지했던 계층은 아테네 시민 계급 가운데 최하위에 해당하는 제4등급 시민이었다. 이들은 전쟁 후 그 입지가 매우 강화되었다. 경제 발전과 제도화된 도시국가 체제가 확립되면서 아테네는 최고의 황금기 '페리클레스Pericles 시대'에 성큼 다가섰다.

펠로폰네소스 전쟁

펠로폰네소스 전쟁은 기원전 431년에서 기원전 404년까지 27년간 지속된 아테네와 스파르타의 전쟁으로 총 3단계로 구분할 수 있다. 기원전 431년에 시작해 기원전 421년에 끝난 '십년전쟁'(스파르타 국왕의 이름을 인용해 '아르키다모스Archidamos 전쟁'이라고도 함), 기원전 415년에서 기원전 413년까지 벌어진 '시칠리아 전쟁', 그리고 기원전 413년에서 기원전 404년 아테네의 항복으로 끝날 때까지를 가리키는 '데켈레이아Dekeleia 전쟁'이다.

아테네의 역사가 투키디데스Thucydides는 《펠로폰네소스 전쟁사History of the Peloponnesian War》를 통해 당시 전쟁의 참혹함을 생생하게 기록했다. 페르시아 전쟁이 그리스의 번영을 촉진했다면, 펠로폰네소스 전쟁은 그리스의 쇠락을 재촉했다.

펠로폰네소스 전쟁을 묘사한 고대 그리스 화병.

펠로폰네소스 전쟁이 끝난 후, 전쟁에서 승리한 스파르타는 그들의 귀족 과두정치 제도를 다른 도시국가들에 강요하는 등 지나친 내정 간섭을 하고 나섰다. 이에 대해 도시국가들의 반감이 거세지면서 전후 혼란이 갈수록 심각해졌다. 스파르타의 국력은 급속히 약화되었고 스파르타, 아테네, 테베Thebes 사이의 세력 다툼이 갈수록 가열되었다. 이 같은 혼란 속에서 그리스 도시국가들의 생명력은 급속히 고갈되었으며, 결국 기원전 4세기 중엽 마케도니아에 차례로 정복당하고 말았다.

《아나바시스》의 저자 크세노폰. 고대 그리스의 유명한 작가이자 사학자였다. 소크라테스의 제자로 아테네의 민주제를 반대했으며 귀족정치를 옹호했다. 페르시아의 키루스가 그 형의 왕위를 뺏기 위해 그리스 용병을 고용해서 함께 원정에 참가했다. 그러나 키루스의 원정이 실패로 끝나자 그는 살아남은 1만여 명의 용병들을 이끌고 그리스로 돌아왔다. 이 여정에서 그는 탁월한 군사지략을 발휘했는데 그 회고록이 바로 《아나바시스》이다. 아나바시스는 '내륙원정기'란 뜻으로 서양 역사상 최초의 군사 이론서에 해당한다.

《아나바시스Anabasis》

《아나바시스》의 저자 크세노폰Xenophōn은 고대 그리스의 유명한 작가이자 사학자이다. 소크라테스의 제자로 아테네의 민주제를 반대했으며, 귀족정치를 옹호했다. 페르시아의 키루스가 그 형의 왕위를 뺏기 위해 전쟁을 일으켰을 때 그리스 용병을 고용해서 함께 원정에 참가한 적이 있으며 키루스의 원정이 실패로 끝나자 살아남은 1만여 명의 용병들을 이끌고 그리스로 돌아왔다. 이 여정에서 그는 탁월한 군사지략을 발휘했는데 그 회고록이 바로 《아나바시스》이다. 아나바시스는 '내륙원정기'란 뜻으로 서양 역사상 최초의 군사 이론서에 해당한다.

크세노폰은 생동감 넘치는 문체로 일생에 거쳐 역사, 경제, 철학, 군사 등 다양한 분야의 작품을 저술했다.

그는 '군사 전술'을 '농업'에 견줄 수 있을 만큼 최상의 가치이자 가장 절실한 사업이라고 강조했다. 특히 군사기율의 중요성에 대해 역설하며 군기가 없는 군대는 오합지졸에 불과하다고 주장했다.

"용감한 병사가 승리를 부른다. 병사의 사기를 끌어올려 이들이 '전공'을 세우도록 격려해야 한다."

크세노폰은 서양사상 최초로 적국에서 군량軍糧을 조달하도록 하는 이론을 펼친 인물이다. 그는 이 밖에도 진陣 구축방법, 성공적인 후퇴방법 등의 실전 전술을 제시했다.

그의 이론은 그리스의 병법 발전에 큰 영향을 끼쳤으며, 23세기가 지난 지금도 그 독창성을 인정받고 있다.

헬레니즘 시대Hellenistic Age

마케도니아의 등장과 발전

그리스 도시국가들이 내홍內訌에 시달리며 존립의 촉각을 다투고 있을 무렵, 북부 변방 황무지에 위치한 마케도니아가 무섭게 세력을 확장하며 새로운 강자로 떠올랐다. 기원전 4세기 중엽 필립포스 2세Philippos II(기원전 359~336년 재위)가 집권한 후 일련의 정치, 군사 개혁을 감행했다. 특히 테베 방진을 토대로 고안해낸 마케도니아 방진은 기원전 338년에 발발한 카이로네이아 전투Battle of Chaeronea에서 그리스 연합군을 대파하는 원동력이 되었다. 이 승리를 계기로 마케도니아는 그리스의 신흥 강자로 급부상했다.

마케도니아 방진Macedonian phalanx

마케도니아 방진은 1만6,000명에서 1만8,000명의 중장보병으로 구성된 밀집대형 전술을 가리킨다. 적의 규모와 지형에 따라 8열, 10열, 12열, 16열, 24열 종대縱隊로 변형이 가능했다. 알렉산드로스 대왕 시기에는 3만

필립포스 2세의 군사 개혁을 통해 크게 개선된 마케도니아 방진은 알렉산드로스 대왕의 원정에 원동력이 되었다.

명 규모의 양대 대형 방진으로 개선되었다. 중장보병 방진의 경우 16열 종대, 각 열 당 1,024명, 총 1만 6,384명으로 구성되었으며, 정면에서 보면 길이가 1킬로미터에 달했다. 16명 1열 종대를 기본단위로 했으며 지휘관 한 명을 두었다. 16열 종대(16명×16열=256명)로 전술단위부대를 구성하고, 16개의 전술단위부대(16×256=4,096명)를 묶어 하나의 소형 방진 대형을 완성했다. 그리고 네 개의 소형방진(4×4,096=16,384명)으로 하나의 대형 방진을 구성했다. 이렇게 짜인 양대 대형 방진은 전후, 또는 좌우로 배치가 가능했다. 중장기병의 최소단위는 '연連'으로 총 64명으로 구성되었다. 여덟 개의 연을 묶어 하나의 '영營'을 구성하고 여덟 개의 영을 합쳐 '중장기병단'을 구성했으며 총 인원은 4,096명이었다. 중장기병단은 공격 시에 횡대橫隊, 장방형 종대, 마름모형 종대, 쐐기형 종대 등 다양한 대형으로 변형할 수 있었다. 방진의 오른쪽은 중장보병, 국왕의 호위기병대, 군위대, 중장기병대로 구성된 주력군이

페르시아 군대와 일전을 벌이고 있는 알렉산드로스 대왕.

포진하고 중앙에 중장보병이, 그리고 왼쪽으로 경장보병과 동맹국의 기병대가 자리잡았다. 경장보병과 경장기병은 주로 전방에서 적군의 전차와 전투용 코끼리를 공격했으며 때로는 방진 후방에 배치해 2선 공격을 담당하거나 치중부대, 군영, 보루 등을 보호하도록 했다. 부대별 특성을 고려해 기동성을 최대화할 수 있도록 진영을 구성했던 것이다.

중장보병 대형의 제6열까지는 창을 평형으로 들고 후방 10열은 창을 비스듬히 들었으며 공격 목표에 따라 좌우전후로 빠르게 전환이 가능했다. 적에게 포위당했을 때는 한자 '철凸'자의 모양으로 진영을 길게 늘였다. 반대로 적을 포위했을 경우에는 좌우 진영을 돌출시킨 '요凹'자 모양을 형성했다. 또한 쐐기형, 화살표형으로 자유롭게 흩어졌다가 다시 방패 모양으로 밀집해 적진을 돌파하기도 했다. 견고한 철의 장벽은 고슴도치처럼 촘촘히 든 긴 창들로 막강한 공격력을 과시했다. 마케도니아 방진은 화약 무기가 등장하기 전, 구시대 최고의 전술로 꼽히기에 충분했다.

세계 정복을 향한 야심

그리스 페르시아 전쟁은 양국 사이에 깊은 앙금을 남겼다. 종전 후 백여 년 동안 대대적인 전쟁을 벌인 적은 없지만 틈만 나면 상호 내정 간섭에 열을 올렸다. 그리스 내전에 중재자를 자처한 페르시아가 그 과정에서 수많은 이권을 차지했는가 하면 그리스 용병들이 페르시아 왕위 계승에 간여하기도 했다. 이 때문에 양국의 대립 감정은 가라앉을 줄 몰랐고 오히려 그 골이 더 깊어지기만 했다. 계속되는 내전으로 국력을 소진한 그리스는 대외 전쟁에 대한 엄두조차 낼 수 없었다. 이러한 상황에서 그리스를 정복한 마케도니아의 필립포스 2세가 서아시아 원정을 선포하자 그는 오히려 그리스인들의 원한을 대신 갚아주는 고마운 존재로 부상하게 되었다.

필립포스 2세의 뒤를 이은 알렉산드로스 대왕은 대외 정복에 대한 야망이 훨씬 원대했다. "야망을 품은 자에게 국경은 무의미하다."라는 그의 말처럼 그는 세계 정복을 꿈꾸고 있었다. 알렉산드로스 대왕의 야심은 서아시아, 아프리카, 인도, 서유럽, 심지어 중국과 영국에까지 뻗어나갔다. 이 때문에 그는 "중국 해안이 그리스의 국경이 되는 날, 마케도니아는 무궁한 번영을 누리게 되리라."라고 호언豪言했다.

알렉산드로스 대왕의 동정東征은 페르시아에 대한 그리스의 보복 심리에서 출발했지만, 결과적으로 세계를 정복하고 싶은 그의 야심에 불을 지르게 되었다.

페르시아 원정

기원전 334년에 알렉산드로스 대왕은 보병 3만여 명, 기병 5,000여 명을 이끌고 페르시아 원정에 나섰다. 다르다넬스Dardanelles 해협을 건너 그라니쿠스Granicus 강에서 페르시아 군과 대치했는데 전투 개시를 알리는 호각이 울리자 강 하류에서 접전이 벌어졌다. 알렉산드로스 대왕은 군대를 향해 강물을 비스듬히 가로질러 건너편 기슭에 오르도록 명령했다. 그러나 소나기처럼 쏟아지는 페르시아 군의 표창 공격에 초반 고전을 면치 못했다. 그는 방진을 정비해 반격에 나섰는데 마케도니아 군의 긴 창이 위력을 발휘하면서 전세를 역전시켰다. 포위 공격을 당한 페르시아 군은 절반이 넘게 전사했으며 2,000여 명이 포로로 잡혔다. 알렉산드로스 대왕은 다리우스 3세의 사위를 붙잡아 직접 목을 쳤다. 마케도니아는 105명만이 전사한 가운데 그라니쿠스 전투에서 대승을 거뒀다. 그라니쿠스 전투는 알렉산드로스 대왕이 대승을 거둔 4대 전투 가운데 하나로 꼽힌다.

알렉산드로스 대왕과 그의 주치의.

페르시아는 비록 그라니쿠스 전투에서 패하긴 했지만 아직 400여 척의 전함을 보유하고 있었으며 특히 최고의 정예부대 페니키아 함대가 건재했으므로 여전히 해상 패권을 장악했다. 또한 그리스 용병 출신 장군을 페르시아 해군 사령관으로 임명해 마케도니아와 그리스의 갈등을 부추겼다. 여기에 스파르타까지 연합해 그리스에 반란을 일으키고 알렉산드로스 대왕의 후방을 공격했다. 마케도니아는 전함이 160척에 불과했으므로 마케도니아가 해상에서 페르시아와 정면 대결을 벌이는 것은 불가능했다. 이에 알렉산드로스 대왕은 육지에서 이들 해군을 제압하는 전술을 고안해냈다. 육군의 우세한 병력을 투입해 지중해 연안 도시와 항구를 점령함으로써 페르시아의 해군기지를 봉쇄하는 것이었다. 해군기지에서 제때에 결원을 보충하지 못하면 페르시아는 전력에 타격을 입을 수밖에 없었다. 이에 알렉산드로스 대왕은 페르시아의 해군기지 마라토스와 아라도스를 점령해 폐허로 만들어버렸다. 이어 이수스Issus 전투에서 다리우스 3세 군대를 대파한 후, 이집트를 공격해 이를 장악했다. 그는 2년 동안 지중해 해안 지방을 점령하며 페르시아 해군을 무력화시킨 뒤 다리우스 3세를 추격하기 시작했다.

기원전 331년 봄, 멤피스Memphis를 출발해 티레Tyre를 거쳐 메소포타미아로 진군한 알렉산드로스 대왕은 그 해 9월 말에 가우가멜라Gaugamela 평원에서 페르시아군과 맞닥뜨리게 되었다. 마케도니아 군은 페르시아 군 30만을 멸하고 그보다 더 많은 수의 병사를 생포하는 대승을 거뒀다. 이 승리를 계기로 알렉산드로스 대왕은 페르시아 왕국의 절반 이상을 차지하게 되었다.

가우가멜라 전투에서 승리한 후, 바빌론으로 진격해 수많은 보물까지 차지했다. 수사Susa 지방의 총독은 1,200만 파운드 상당의 금궤를 알렉산드로스 대왕에게 바치기도 했다. 페르시아의 수도 페르세폴리스까지 진입한 마케도니아 군은 크세르크세스 궁전을 불사르고 다리우스 3세를 계속 추격했다. 메디아의 수도 엑바타

페르시아 왕궁의 알렉산드로스 대왕.

나Hangmatana에서는 4,000여 만 파운드 상당의 황금을 손에 넣었지만, 다리우스 3세를 놓치고 말았다. 그러던 중, 이듬해 7월 알렉산드로스 대왕의 추격이 거의 막바지에 달했을 무렵, 다리우스는 박트리아Bactriana 총독의 꾐에 빠져 목숨을 잃게 되었다. 3년 후 알렉산드로스 대왕이 페르시아 동부까지 점령하면서 페르시아 제국은 멸망했다.

기원전 327년에 알렉산드로스 대왕은 다시 인도 정복에 나섰다. 이듬해 인도 서북부 히다스페스Hydaspes 강 전투에서 승리하며 정복의 의지를 다시 불태우는 듯

했지만 오랜 원정에 지친 군대의 불복으로 더 이상 전진이 불가능해지고 말았다. 설상가상으로 전염병이 돌며 병사들이 죽어나가자 기원전 324년에 그는 결국 바빌론으로 말머리를 되돌릴 수밖에 없었다. 이로써 10년 원정이 드디어 막을 내리게 되었다.

'왕 중의 왕'

기원전 323년 6월, '왕 중의 왕'으로 불리던 알렉산드로스 대왕은 33세를 일기로 세상을 떠났다. 이때부터 그가 세운 대제국도 급속히 와해되기 시작했다. 그러나 그의 노력으로 동서양 문명이 조우하며 정치, 경제, 문화의 새로운 교류 시대, 헬레니즘 시대(기원전 323~30년)가 열리게 되었다.

HISTORY OF WAR

로마의 시대

왕정 시대

로마인의 조상은 라틴족으로 인도유럽어족의 한 부류이다. 로마 문명이 흥성할 즈음엔 이미 철기 시대에 진입했으므로 로마 군대는 처음부터 철제 무기를 사용했다. 당시 이탈리아 반도에는 제대로 발달한 항구가 별로 없었을뿐더러 로마인은 해운업에 관심이 없었다. 따라서 로마 제국이 본격적으로 대외 정복에 나서기 전까지 로마 군대는 농민으로 구성된 육군이 대부분이었다.

로마의 건국 시조 로물루스Romulus 형제. 로마 신화에 따르면 이들은 늑대의 젖을 먹고 자랐다고 한다.

로마는 기원전 600년경에 건국되었다. 로마의 국왕은 군사, 사법, 종교 등 다방면에서 막강한 권력을 행사했으며 이로써 군사 민주제 왕정 시대를 열었다. 당시 국왕의 권위는 성대한 대관식과 승전 후의 개선 의식을 통해 드러났다. 대관식에서 국왕은 자주색 망토를 걸치고 손에 독수리 머리가 새겨진 지팡이를 들고 상아로 만든 보좌에 앉았다. 열두 명의 호위대가 국왕을 보좌했는데 호위대는 손에 도끼날이 꽂힌 다발을 들었다. 이 막대 다발의 명칭이 바로 '파쇼fascio'로 군수통수권자의 절대 권력을 상징한다. 후에 전제주의의 대명사로 굳어졌다. 한편 국왕이 전쟁을 마치고 귀국할 때는 반드시 성대한 개선 의식을 거행했다. 국왕은 네 필의 말이 끄는 전차에 타고 신전에 도착하기 전까지 시민의 열화와 같은 환호를 받으며 도시 곳곳을 행진했다. 이러한 개선 의식은 로마 사회에서 하나의 전통으로 자리 잡게 되었다.

로마 군단

기원전 6세기 세르비우스 툴리우스Servius Tullius의 개혁에 힘입어 로마는 국가의 형태를 갖추기 시작했다. 천하무적이라 불리웠던 이때부터 그 기틀이 확립되었다.

로마는 민병일치제를 실시했다. 17세부터 45세까지의 시민은 모두 전장에 투입되었고 46세에서 60세까지의 시민은 후방 수비를 담당해야 했다. 이들은 스스로 장만한 무기로 무장을 하고 전장으로 향했으며 전쟁이 끝나야 고향으로 돌아올 수 있었다.

로마 군단의 규모와 수량, 작전 방식 등은 시대에 따라 변화가 있었다. 공화정 초기에는 네 개의 군단이 있었으며 군단별로 대개 4,200명의 중장보병과 일정 규모의 경장보병으로 구성되었다. 이 가운데 2개 군단은 17세부터 45세의 젊은 장정들로 구성해 전장에 투입되었으며, 나머지 2개 군단은 46세부터 60세까지의 시민으로 구성해 후방 수비와 전방 지원을 담당하도록 했다. 초기 군단은 마케도니아 방진의 배열 방식에 따라 제6열까지 중장보병으로 구성했으며, 열마다 500명이 배치되었다. 2개 군단은 대개 병렬로 서서 나란히 밀집 대형을 형성했다. 8열 종대로 맞춰 양측엔 기병을 배치하고 경장보병이 주력부대 앞에서 이를 엄호하는 역할을 했다. 그러나 이 같은 형태의 진지 구축은 복잡한 지형에서 작전을 수행하기 어렵고 기동성도 떨어져 적군의 공격을 막아내기 쉽지 않았다. 이에 기원전 4세기 카밀루스Camillus가 군사 개혁을 통해 방진을 포기하고 새로운 형태의 전술을 모색하기 시작했다.

이탈리아 원정

공화정을 수립한 후에도 로마의 대외 정세는 여전히 불안했다. 북쪽으로 강력한 에트루리아Etruria가 버티고 있었고, 동쪽과 남쪽으로는 사비니Sabine, 아에키Aequi, 볼스키Volsci 등 고산지대 민족들이 걸핏하면 침범을 일삼았기 때문이다. 이에 로마는 먼저 라티움Latium과 카시우스 조약foedus Cassianum을 체결해 상호 방위 협력을 맺었다.

그리고 기원전 5세기 전반에 걸쳐 무수한 전쟁을 통해 아에키Aequi족과 볼스키Volsci족을 정복한 뒤 에트루리아Etruria에도 공격을 감행했다. 백 년에 걸쳐 세 차례나 전쟁을 치른 결과 기원전 3세기 말에 이르러 갈리아인들의 생활터전 포 강Po River 유역을 제외한 이탈리아 반도 영토 대부분을 수중에 넣을 수 있었다.

유화〈사비니의 여인들〉
로마인들은 주변 민족을 정복한 뒤 부녀자들을 유린했다.

지중해의 패권자

이탈리아 반도를 차지한 후부터 로마는 거대 제국의 면모를 주변에 과시했다. 그 첫 번째 대상은 지중해 서부의 강국 카르타고Carthage였다. 로마인들은 카르타고족을 포에니Poeni족이라 불렀으므로 이 둘 사이의 전쟁을 '포에니 전쟁'이라 부른다.

고대 그리스 에페이로스Epeiros의 피로스Pyrrhus 국왕은 주변국들과 전쟁을 자주

알프스 산맥을 넘어 로마를 공격하는 한니발의 부대.

일으킨 인물로 유명하다. 에페이로스와 시러큐스Syracuse와의 전쟁이 한창일 당시 시러큐스의 용병 가운데 일부 이탈리아인들이 시칠리아 섬 동북부 메시나 지역을 강점하는 사건이 발생했다. 시러큐스와 갈등에 휘말린 이탈리아는 원군 요청을 두고 카르타고파와 로마파로 양분되었다. 그런데 사태를 관망하고 있던 카르타고가 먼저 메시나를 차지해버렸다. 이에 분노한 로마군이 기원전 264년에 시칠리아 섬으로 진군하면서 전쟁의 막이 오르게 되었다. 로마가 메시나와 아그리젠토Agrigento까지 차지하자 시러큐스는 로마와 평화조약을 맺지 않을 수 없었다. 기원전 260년 밀레Myle 곶에서 로마와 카르타고의 전투가 벌어졌다. 카르타고는 로마에 비해 우수한 해군을 보유하고 있었기에 자신만만했지만, 로마는 가동교可動橋(movable bridge, 배가 자유로이 통과할 수 있도록 다리 중간을 위나 좌우로 움직일 수 있게 만든 다리)를 갖춘 전함을 선보이며 밀레 해전을 승리로 이끌었다. 그리고 여세를 몰아 기원전 256년에 에크노무스Ecnomus 해전까지 승리로 장식한 로마는 기세등등하게 아프리카 원정까지 감행했지만, 이번에는 실패를 맛봐야 했다.

기원전 237년에 카르타고의 하밀카르 바르카Hamilcar Barca 장군이 군대를 이끌고 스페인 동남 연안을 장악했다. 기원전 221년에는 그의 아들 한니발Hannibal이 카르타고의 정권을 쥐면서 에브로 강Ebro River 이남 지역을 수중에 넣었다. 기원전 219년에 한니발이 로마의 동맹국 사군툼Saguntum을 공격하면서 그 이듬해 로마와의 전쟁이 불가피해졌다.

로마는 본래 원정군을 북아프리카와 스페인으로 파견할 계획이었다. 그러나 기원전 218년 카르타고의 한니발이 한발 앞서 대규모 용병을 이끌고 이탈리아를 공격했다. 한니발은 스페인 동남 해안의 카르타헤나를 출발해 골Gaul 남부 지역을 거쳐 험준한 알프스 산맥을 넘어왔던 것이다. 그리고 군대를 재정비해 트레비아 강Trebbia River 유역에서 로마군을 대파했다. 이듬해 봄, 트라시메노 호수Trasimeno Lake에서 잠복해 있던 카르타고 군에 의해 로마군은 거의 전멸당하고 만다. 당시 로마의 독재관dictator(딕타토르 : 로마 시대 원로원의 소집권과 군 통수권, 행정권 전반의 모든 국가 권력을 행사했던 직책)이었던 파비우스Fabius는 전열을 가다듬기 위해 장기전에 돌입하려 했지만 다른 신료들의 반대에 부딪혔다. 결국 기원전 216년에 로마의 두 집정관은 군대를 이끌고 칸나에Cannae에서 카르타고 군과 일전을 벌이게 되었다. 한니발은 로마군을 좌우에서 포위 공격해 대승을 거둠으로써 이탈리아 북부의 수많은 도시를 차지할 수 있었다. 그러나 전쟁이 길어질수록 적지에 남겨진 한니발의 용병들은 제대로 병력을 충원받지 못하는 상황에 처했다. 결국 전세는 로마에 유리한 방향으로 흘러갔다. 로마는 자기 영토에서 치르는 전쟁이었기 때문에 새로운 병력 보급이 수월했다. 특히 이탈리아 중부 도시들이 로마에 적극 군사 지원을 하면서 전세는 차츰 역전되었다. 기원전 211년, 마침내 카르타고의 동맹군이었던 시러큐스와 카푸아Capua를 점령한 로마군은 여세를 몰아 기원전 209년에 카르타헤나Cartagena까지 점령했다. 한니발의 동생 하스드루발Hasdrubal은 당시 카르타고 스페인 주둔군의 통솔자였다. 기원전 207년에 하스드루발이 스페인에서 지원군을 이끌고 왔으나 이탈리아 북부에서 로마군에게 전멸당하고 말았다. 로마는 스키피오Scipio 장군의 활약으로 스페인에서 카르타고 군을 몰아냈다. 그리고 기원전 204년 북아프리카 원정에 나섰다. 한니발은 이듬해에 카르타고로 되돌아갔으며 기원전 202년에 카르타고 서남부 자마Zama 전투에서 패한 후 로마에 항복했다. 카르타고는 군사, 외교 등의 주권을 상실했으며, 로마는 마침내 지중해 서부의 패권자로 자리매김하게 되었다.

로마와의 전쟁에서 패배한 카르타고는 비록 주권을 잃었지만 풍부한 자원과 상업의 발달에 힘입어 기원전 2세기경 다시 경제적인 번영을 누리게 되었다. 카르타고가 번영을 누리는 모습이 눈에 거슬리고 위협마저 느낀 로마는 이를 멸해야겠다고 결심했다. 우선 지중해의 작은 나라 누미디아Numidia에 카르타고를 침략하도록 종용했다. 카르타고는 로마에 시비是非를 호소했지만, 로마는 기다렸다는 듯 누미디아만 편들 뿐이었다. 결국 참다못한 카르타고가 기원전 150년에 누미디아에 반격을 가하기 시작했다. 로마는 카르타고가 평화조약을 어겼다는 구실로 전쟁을 선포함으로써 제3차 포에니 전쟁이 발발하게 되었다. 로마가 북아프리카에 상륙했을 때 카르타고는 포로와 무기를 인도하고 평화협정을 맺으려 했다. 그러나 로마는 카르타고 성을 폐쇄하고 모든 주민을 해안에서 15km 이상 떨어진 내륙으로 이동시켜야 한다는 가혹한 요구 조건을 내걸었다. 카르타고는 결국 요구를 거절하고 로마에 대항하기 시작했다. 2년 동안 로마군의 포위공격이 계속되었지만, 카르타고 성은 쉽게 함락되지 않았다. 그러나 기원전 146년에 극심한 가뭄과 질병이 창궐한 데다 로마군의 강력한 공격이 이어지면서 마침내 카르타고 성은 함락되었다. 25만 명에 달하던 주민 가운데 생존자는 5만여 명에 불과했으며 그나마도 노예로 끌려가는 신세가 되었다. 로마가 카르타고 땅을 '아프리카'라고 부르며 속지로 삼게 됨에 따라 역사의 뒤안길로 완전히 사라졌다.

이탈리아에서 후퇴하는 한니발. 비록 포에니 전쟁에서 카르타고가 패배하긴 했지만, 그는 탁월한 전술가로 역사에 이름을 남기게 되었다.

포에니 전쟁에서 승리해 지중해 패권을 장악한 로마는 눈부신 전성기를 구가하기 시작했다.

마리우스의 개혁

기원전 111년에 누미디아의 유구르타Jugurtha 왕이 로마 지배에 반발하며 전쟁을 일으켰다. 당시 로마의 집정관이었던 메텔루스Metellus가 북아프리카에 도착했을 때 현지 로마 군대는 무력하기 짝이 없었다. 군율도 엉망이었으며 진

기원전 107년 원로원에서 연설하는 마리우스의 모습.

지는 방어 시설도 제대로 갖춰 있지 않았다. 메텔루스는 서둘러 군대를 정돈해 대응하려 했지만, 전쟁은 점점 장기전으로 치달았다.

메텔루스의 부하장수였던 마리우스Marius는 메텔루스의 이러한 과실을 자신의 정치적 야망을 위해 이용했다. 전쟁을 빨리 끝낼 수 있다고 호언장담하며 집정관에 출마한 그는 로마 기사와 시민의 지지를 얻어 기원전 107년에 당선되었다. 이로써 유구르타와의 전쟁 지휘권을 수중에 넣고 기원전 101년에 게르만족과의 전쟁이 끝날 때까지 군사 개혁을 실시하게 된다. 그의 개혁으로 로마의 군사력과 전투력은 크게 증강했다.

마리우스의 개혁은 크게 다섯 분야로 요약할 수 있다. 첫째, 모병제를 징병제로 전환해 병력 부족을 해결했다. 둘째, 병사들의 고정 보수를 보장해 군대를 안정시켰다. 셋째, 병사들의 복무기간을 연장하고 직업군인을 양성했다. 넷째, 군대 편제 방식을 개혁해 복잡하고 다양한 전투에 대한 적응력을 키웠다. 다섯째, 군율을 정돈하고 훈련을 강화해 전투력과 결속력을 극대화했다.

공화정 말기에서 제국 초기에 걸쳐 진행된 마리우스의 개혁으로 로마는 지속적인 발전의 발판을 마련할 수 있었다. 이때 다져진 군사 제도는 3세기까지 지속되었다.

삼두정치의 성립과 결렬

기원전 58년에서 기원전 51년까지 여덟 차례나 군사 원정을 감행해 골 지방을 완전히 정복한 카이사르Caesar, Gaius Julius는 로마 공화정 말기 정치적 입지가 매우 확고했다. 그는 기원전 60년 스페인 총독 재임 당시 로마로 귀국했으며 폼페이우스Pompeius, 크라수스Crassus 등과 일종의 정치협정인 삼두동맹을 결성했다.

그러나 로마 원로원의 입장에서는 골 지방을 정복하며 정치적 위상이 격상된 카이사르를 견제하지 않을 수 없었다. 이에 삼두동맹의 일원으로 역시 카이사르를 견제하고 있었던 폼페이우스와 연합해 카이사르의 병권을 빼앗으려 했다. 이 소식을 접한 카이사르는 폼페이우스와 동시에 병권을 포기하는 조건이라면 받아들이겠다는 의견을 원로원에 전했지만, 원로원은 오히려 카이사르를 '공공의 적'으로 선포하고 폼페이우스에게 병권을 일임했다. 결국 로마는 내전에 휩싸이게 되었다.

카이사르의 죽음. 공화파 브루투스 등에 의해 원로원에서 죽임을 당했다.

기원전 49년 1월 10일 카이사르는 제13군단과 기타 병력을 합친 보병 5,000여 명, 기병 300명 규모의 부대를 이끌고 루비콘Rubicon 강을 건너 로마를 공격했다. 원로원과 폼페이우스는 황급히 병사를 모집해 이에 대항하려 했지만 역부족이었다. 결국 이탈리아를 포기하고 그리스로 건너가 후일을 도모할 수밖에 없었다. 그러나 파르살루스Pharsalus 전투에서 카이사르에게 대패한 폼페이우스 군은 전멸했으며 폼페이우스 역시 암살당하고 말았다. 삼두동맹의 또 하나의 일원이었던 크라수스는 일찍이 기원전 53년에 파르티아와 벌어진 카레 전투에서 전사했으므로 카이사르는 로마 제국의 유일한 권력자로 부상하게 되었다.

카이사르는 북아프리카와 스페인에 남아있던 폼페이우스의 잔당을 소탕하고 로마의 정권을 장악했으며, 기원전 45년에 자신을 '종신 독재관'으로 선포해 명실상부한 독재자가 되었다. 비록 로마 공화제를 상징하는 기구들이 그 명맥을 유지하긴 했지만, 허울만 남았을 뿐 실권은 모두 카이사르가 쥐었다.

그러나 그의 독재에 불만을 품은 공화파 브루투스 등에 의해 카이사르는 기원전 44년 3월 15일에 죽임을 당하고 만다.

카레 전투

기원전 2세기 유라시아 대륙은 중국 한漢나라, 유럽의 로마, 그리고 이 두 나라 사이에 끼어 있는 파르티아Parthia 등 3대 강국이 세력의 균형을 이루고 있었다. 한나라는 중앙아시아까지 세력을 확장했고, 로마는 서아시아까지 무력 정벌에 나선 상황이었다.

특히 로마는 메소포타미아 지역과 코카서스 이남의 아르메니아Armenia에 눈독을 들이고 있었다. 로마의 이러한 행보는 파르티아의 심기를 건드려 200여 년에 걸친 지루한 전쟁에 돌입하게 된다. 파르티아는 더 이상 로마의 세력이 동쪽으로 확대되지 않도록 하기 위해 거세게 저항했는데 특히 가장 중요한 고비가 되었던 카레Carrhae 전투의 승리로 한숨을 돌릴 수 있었다.

카레 전투는 기원전 53년에 발발했다. 3두정 가운데 1인인 크라수스가 이끄는 로마 군대에 맞서 파르티아는 수렌 가문의 귀족들이 선봉에 섰다. 초반엔 로마 군대의 상승세가 이어졌다. 그러나 상호 치열한 육박전을 벌이는 도중에 파르티아 군대가 갑자기 후퇴하기 시작했다. 로마 병사들이 어리둥절해하며 혼란에 휩싸인 틈을 타서 미리 매복하고 있던 파르티아 주력 부대가 이들을 포위했다. 소나기처럼 퍼붓는 파르티아의 화살 공격에 로마 병사들은 비참한 최후를 맞고 말았

알렉산드로스 대왕의 묘를 참배하고 있는 옥타비아누스.

다. 4만여 명에 달하던 병력 가운데 카시우스 롱기누스Cassius Longinus가 이끄는 일부 기병부대가 유프라테스 강 유역으로 철수한 것을 제외하고 모두 전사하거나 포로로 잡혔다.

카레 전투의 패배로 로마는 소아시아, 시리아, 팔레스타인 지역에서의 입지가 흔들리게 되었으며, 파르티아는 로마를 견제하는 대등한 세력으로 자리매김했다. 또한 카레 전투는 소수 병력으로 적군을 유인한 뒤 반격을 가해 승리를 거둔 대표적인 전술 사례로 세계 전쟁사의 한 페이지를 장식하게 되었다.

옥타비아누스의 등장

카이사르가 죽은 뒤, 로마는 정권 쟁탈전에 휘말렸다. 기원전 44년, 카이사르의 측근으로 그와 함께 집정관에 올랐던 안토니우스Antonius와 로마 공화정의 최고 요직을 두루 거친 레피두스Lepidus, 그리고 카이사르의 양자 옥타비아누스Octavianus가 팽팽하게 맞섰다. 그러나 기원전 43년에 이들이 삼두동맹을 맺으면서 5년에 걸친 2차 삼두정치가 시작되었다.

삼두동맹의 초기 견제 상대는 브루투스Brutus를 중심으로 한 공화파였다. 그러나 공화파를 제거한 후부터 이들 사이의 갈등이 고조되었다. 결국 기원전 30년에 이집트로 진군한 옥타비아누스가 안토니우스를 제거하면서 로마의 유일한 권력자로 부상했다. 이때부터 로마의 공화정은 막을 내리고 제국 시대가 열렸으며, 이집트는 로마에 귀속되었다.

게르만족의 저항

대외 확장을 위한 로마의 정복 전쟁은 점령지 민족들의 격렬한 저항에 부딪혔다. 특히 AD 9년, 아르미니우스Arminius가 이끄는 게르만족이 로마와 벌인 투쟁이 유명하다.

아르미니우스는 바루스Varus가 이끄는 로마의 3개 정예군단을 토이토부르크 숲Teutoburg Forest으로 유인해 전멸시켰다. 바루스를 비롯해 로마 장군들은 모두 자살로 생을 마감했다. 3개의 정예군단이 전멸했다는 소식을 전해 들은 옥타비아누스는 절망감을 견디지 못하고 "바루스여, 내 정예군단을 돌려주시오!"라고 외치며 비통해했다고 한다.

토이토부르크 숲 전투에서의 승리를 계기로 게르만족은 로마의 통치에서 벗어날 수 있었으며 라인 강 동부 지역을 되찾았다. 이로써 로마 북부는 라인 강과 도나우 강으로 경계가 정해지게 되었다.

유대-로마 전쟁

기원전 63년, 폼페이우스가 이끄는 로마 군단이 팔레스타인을 정복했다. 당시 유대 왕국은 마카베오Maccabeus 왕조의 두 형제 히르카누스Hyrcanus와 아리스토불루스Aristobulus의 왕권 쟁탈전이 한창이었다. 이러한 상황을 틈타 폼페이우스는 히르카누스를 지지하며 팔레스타인 지역을 장악했다. 그러나 유대 국민은 아리스토불루스를 따랐으므로 히르카누스의 통치를 거부하고 예루살렘 신전을 점령한 채 투쟁에 나섰다. 이들은 3개월을 버텼으나 폼페이우스의 대군이 공격해 오자 결국 무너지고 말았다. 팔레스타인은 로마에 귀속되었다.

그러나 AD 66년, 로마 총독이 유대인의 예루살렘 성전을 마구 약탈하는 사건이 발생하자 그동안 로마의 통치에 분개하던 유대인들이 강력히 저항하기 시작했다. 유다 왕국의 수도 카이사레아Caesarea에서 폭발한 저항의 물결은 예루살렘까지 이어졌다.

그러나 저항군의 내부 분열과 현격한 병력 차로 인해 결국 무참히 진압당하고 말았다. 로마는 모든 유대인을 대상으로 인두세를 징수하는 한편, 무력 진압한 예루살렘 성에 로마군대를 주둔시켰다. 당시 진압을 주도했던 로마 장군 티투스Titus는 AD 71년 성대한 개선식 속에 귀국했다.

토이토부르크 숲 전투. 로마의 3개 정예군단을 전멸시킨 이 전투의 승리를 계기로 게르만족은 로마의 통치에서 벗어나 독립할 수 있었다.

아드리아노플 전투 – 로마 군단의 멸망

4세기 중엽, 흉노족이 서쪽으로 대거 이동하면서 동고트족을 정복했다. 이들은 계속 서쪽으로 이동하며 서고트족을 도나우 강변까지 몰아냈다. 이에 서고트족은 로마의 발렌스Valens 황제에게 도나우 강을 넘어 로마 영토로 피난할 수 있도록 도움을 청하게 되었다. 발렌스 황제는 서고트족의 무장해제를 조건으로 이를 허락했으나, 서고트족은 무장해제를 담당했던 로마 관리를 매수해 몰래 무기를 지닌 채 로마로 들어왔다.

그러나 로마로 들어온 후, 원조받기로 한 식량도 얻지 못했을 뿐만 아니라 로마인의 갖은 핍박에 시달렸다. 결국 굶주림을 견디지 못한 서고트족은 로마에 반기를 들게 되었다. 당시 발렌스 황제는 시리아에서 페르시아와 전쟁 중이었다. 서고

이민족의 침입으로 서로마 제국은 결국 멸망했다.

트족의 반란 소식에 놀란 그는 아르메니아 전투에 참전하고 있던 로마 군단을 트라키아Thracia(트라케) 지역으로 이동시키고 서로마의 그라티아누스Gratianus 황제에게 원조를 요청했다.

이에 378년, 서고트족은 동고트족, 흉노족과 강력한 연대를 형성해 동로마 군대와의 결전 준비에 돌입했다. 서로마 원군까지 가세하자 발렌스 황제는 서고트족을 단번에 무찌를 것으로 자만했다. 초반에는 그의 생각이 적중하는 듯했다. 그러나 아드리아노플Adrianople 전투의 참패로 심각한 타격을 입고 말았다.

로마는 이 전투에서 병력의 3분의 2에 해당하는 병사 4만 명을 잃었을 뿐만 아니라 발렌스 황제를 비롯해 군대 수장들이 모두 전사하며 대패했다. 발렌스 황제가 죽은 후 동로마에는 테오도시우스가 황제로 등극했다. 그러나 국력이 극도로 쇠한 로마는 이미 방대한 영토를 다스릴 능력이 없었다. 결국 395년 동로마와 서로마로 완전히 두 동강 나버렸다.

마우리아 제국

혼란을 틈탄 세력 확장

알렉산드로스 대왕이 철군한 후, 마케도니아가 다스리고 있던 인도 서북부 지역은 불안정한 국면이 지속되며 언제라도 봉기가 일어날 분위기가 팽배했다. 한편 인도 동부는 난다 왕조Nanda dynasty의 폭정으로 이미 민중의 반란이 끊이지 않고 있었다. 기원전 324년에 마우리아 왕조Maurya dynasty의 창시자 찬드라굽타Chandragupta가 마침내 인도 최초의 통일 왕국을 건설했다. '마우리아'는 공작孔雀이란 뜻으로 찬드라굽타가 공작을 키우던 농민가정 출신인 데서 유래했다.

기원전 305년 셀레우코스Seleucid 왕국의 국왕이 인더스 강 유역을 되찾기 위해 인도를 공격했다. 인도는 당시 찬드라굽타가 다스리고 있었다. 이 전쟁은 2년 동안 지속되었다고 하나, 구체적인 기록은 남아 있지 않다. 다만, 기원전 303년 인도의 승리로 끝났다고 전해진다. 이 전쟁의 승리를 계기로 인도는 지금의 아프가니스탄 지역에 해당하는 인더스 강 유역을 차지했다. 전쟁에 패한 셀레우코스 왕국은 전투 코끼리 50마리를 인도에 바쳤다고 한다.

기원전 297년에 찬드라굽타가 세상을 떠나자 그의 아들 사무드라굽타

Samudragupta가 왕위를 계승했다. 사무드라굽타는 '정복자'로 불렸던 만큼 대대적인 대외 확장 정책을 편 인물로 짐작된다. 그러나 그의 일생에 대해서는 알려진 부분이 많지 않다. 다만, 그가 세상을 떠난 무렵 마우리아 왕조의 영토는 데칸 고원Deccan Plateau을 포함해 인도 반도 대부분으로 넓어졌다. 인도 반도 동해안의 칼링가Kalinga 왕국과 남단의 몇몇 부락만이 명맥을 유지하고 있었지만, 이들도 훗날 아소카 왕에 의해 모두 인도로 귀속되었다.

알렉산드로스 대왕의 인도 정복

아소카 대왕

마우리아 왕조의 제3대 국왕 아소카Ahsoka(한자로는 아육왕阿育王이라고 표기함)는 즉위 당시 난폭한 성격으로 유명했다. 한 불교 문헌에는 그가 이복형제 99명을 제거하고 대신 500명, 기녀 500명을 무참히 죽였다고 기록되어 있다. 아소카 왕의 최대 업적은 칼링가 왕국을 정복하고 인도의 통일을 이룩한 것이다. 마우리아 왕조 성립 당시 칼링가는 독립 국가의 형태를 유지하고 있었으며 대외 무역이 발달한 풍요로운 국가였다. 또한 보병 6만 명, 기병 1,000명, 전투 코끼리 700마리

등 비교적 강력한 군사력도 보유하고 있었다. 아소카 왕이 즉위한 지 8년째 되던 해에 드디어 칼링가 왕국과 일전을 벌이게 되었다. 이 전쟁은 고대 인도 역사상 최대 규모로 알려져 있으나 관련 사료는 전해지지 않고 있다. 다만, '그곳(칼링가)에서 죽임을 당한 자가 10만이며 끌려온 자가 15만 명이었다.'라는 기록이 남아 있을 뿐이다.

칼링가 왕국과의 전쟁을 끝으로 마우리아 제국은 더 이상 무력 정복 전쟁에 나서지 않았다. 전쟁이 빚어낸 참상을 본 아소카 왕이 크게 후회하며 불교에 귀의했고 그 후에는 나라를 다스렸기 때문이었다. 아소카 왕은 칼링가 왕국을 정복한 후 무력이 아닌 법으로 백성을 다스렸다고 한다.

《아르타샤스트라Arthaśāstra》(정사론, 政事論)

마우리아 왕조의 개국공신 카우틸리아의 저술로 알려진 《아르타샤스트라》('정사론', '실리론'이라고 불리기도 함)는 기원전 4세기 말에서 기원전 3세기 초에 집필된 것으로 추정된다. 정치, 경제, 법률, 외교, 군사 분야를 망라해 총 15권으로 정리했다. 특히 병제兵制, 병종兵種, 편제編制, 병기兵器, 방어 시설, 병사들의 보수 등에 대한 기록과 풍부한 군사 지식이 포함되어 있다.

이 책에서는 전쟁이 외교, 국력과 밀접한 연관이 있다고 강조한다. 막강한 국력과 함께 뛰어난 외교 실력이 있어야 전쟁에서 승리할 수 있다는 것이다. 또한 군대를 보병, 전차, 기병, 전투 코끼리 부대 등 네 개로 분류하고 전투지의 지형을 고려해 전술과 병종을 적절하게 활용하도록 했다. 가시거리가 먼 평탄한 지형에서는 전차부대를 투입하고, 기복이 심한 지형은 나머지 세 병종을 투입하는 등 상황에

아소카 왕의 집권 후기에 불교가 크게 발전해 아시아로도 전파되었다.

따라 달리하는 다양한 공수 전술을 상세히 기록해 놓았다. 《아르타샤스트라》는 미래의 정복자를 위한 저서라고 한다. 동맹을 적절히 활용해 먼 나라와는 동맹을 맺고 가까운 나라부터 공격하라고 밝히고 있다.

지리적으로 가까운 주변국은 적국이 될 수밖에 없으므로 적국의 적국과 동맹을 맺는 역발상적 외교 정책을 펴야 한다는 것이다. 그러나 적과 우방은 언제든지

바뀔 수 있었다. 적국을 멸망시키고 나면 우방이 곧 또 다른 적이 된다. 강대국과의 전쟁에서는 강력한 군사력은 물론, 강대국과 주변국을 철저히 이간시키는 외교 정책을 함께 활용하고 약소국에는 회유 정책을, 동맹국과는 세력 균형을 유지하도록 강조했다.

계속되는 혼란

기원전 187년에 마우리아 왕조의 마지막 군주 브리하드라타 Brhadratha 왕이 암살되면서 인도는 사분오열되었다. 내전과 외침이 계속되는 혼란 국면은 4세기 초 슝가 왕조Suuga dynasty가 들어설 때까지 이어졌다. 슝가 왕조의 창시자 푸시아미트라는 수차례 전쟁을 치르며 인도 반도 북부를 통일하는 데 성공했다. 그러나 5세기 중엽 중앙아시아 훈족White Huns의 침입으로 멸망하고 만다.

HISTORY OF WAR

중국의 전쟁사

중국 춘추 시대春秋時代의 주요 전쟁 수단은 전차였다. 강한 돌파력을 보유한 동시에 보병을 엄호할 수 있었기 때문이었다. 교전 시, 어느 쪽의 전차 대열이 먼저 무너지는가에 따라 전쟁의 승패가 갈리곤 했다. 전국 시대戰國時代에는 철기 사용이 보편화되면서 보병과 기병의 역할이 중요해졌다. 노弩(석궁石弓이라고도 불리는 무기로 쇠로 된 발사 장치가 달린 활을 가리킴. 여러 개의 화살을 연달아 쏘게 되어 있어 매우 위력적이었음)의 발명으로 전차의 효용가치가 크게 떨어진 점이 주효했다. 특히 조趙나라 무령왕武靈王은 기마병을 도입해 군사력을 크게 증강시켰다.

전국칠웅

160여 개의 국가가 혼전을 벌였던 춘추 시대 300년이 지나고 전국 시대가 도래하자 약 40여 개 국가만 살아남았다. 이 가운데 강대한 제齊, 초楚, 연燕, 한韓, 조趙, 위魏, 진秦나라 등 7개국을 '전국칠웅戰國七雄'이라 불렀다.

전국 시대는 새롭게 등장한 지주 계급이 정치 무대를 주름잡았다. 이들은 노예제 잔재를 없애고 봉건 통치 제도를 수립하는 데 힘썼다. 국력을 길러 대내적으로는 국가 안위를 유지하고, 대외적으로는 정복 전쟁을 감행했다. 이에 나라마다 변법 운동이 유행했는데 특히 진나라의 재상 상앙商鞅이 실시한 변법을 가장 주목할 만하다.

전국 시대 초기에는 위나라 문후文侯 때의 재상 이리李悝의 개혁 정책이 성과를 거두면서 위나라가 중원의 패권자로 부상했다. 그러나 문후가 세상을 떠난 뒤, 그 뒤를 이을 만한 현명한 군주가 등장하지 않으면서 개혁 정치는 이어지지 못했다. 당시 위나라의 가장 강력한 상대는 제나라였다. 전국 시대 중국 전쟁사의 한 페이지를 장식한 계릉桂陵 전투, 마릉馬陵 전투 등은 모두 제나라와 위나라 사이에 벌어진 싸움이었다. 계릉 전투는 위나라의 공격을 받게 된 조나라가 제나라에 원군을 요청하면서 빚어졌다. 제나라의 군사 참모였던 손빈孫臏은 원군을 조나라로 보내는 대신 오히려 위나라 수도 대량大梁을 공격했다. 허를 찔린 위나라가 허겁지겁 군대를 되돌려 귀국길에 오르자 제나라 군

조나라 무령왕이 도입한 '호복기사胡服騎射(백성을 기마병으로 양성하는 제도)' 개혁은 군사력을 크게 증강시켰으며, 전국 시대 다른 국가들에도 매우 큰 영향을 끼쳤다.

사들은 미리 대량의 길목인 계릉에 매복하고 있다가 이를 대파했다. '위나라를 포위해 조나라를 구하다.'라는 뜻의 고사성어 '위위구조圍魏救趙'는 바로 이 전투를 계기로 나온 것이다. 마릉 전투는 이로부터 13년 후에 일어났다. 이번엔 위나라가 조나라와 연합해 한나라를 공격했다. 한나라 역시 제나라에 원군을 요청했다. 이 소식을 들은 위나라 장수 방연龐涓은 또다시 속을세라 제나라로 먼저 쳐들어갔다. 위나라 군의 공격을 받은 제나라 군은 어쩐 일인지 후퇴만 거듭했다. 그들이 후퇴하며 남긴 취사 흔적만 보면 군대를 이탈해 도망가는 병사의 수가 점점 늘어나고 있는 것이 분명했다. 방연은 기세등등해 하며 추격의 고삐를 바싹 당겼다. 그러나 이 모든 것이 손빈의 지략이었다. 방연이 자만심에 빠져 경계를 늦출 것을 예상하고 마릉에 매복해 위나라 군대를 기다리고 있었던 것이다. 위나라는 또다시 참패를 면할 수 없었다. 제나라는 당대 최고의 전술가 손빈의 지략에 힘입어 계릉, 마릉 두 전투에서 모두 승리함으로써 중원의 새로운 강자로 떠올랐으며 위나라는 국력이 급격히 쇠퇴했다.

진秦나라의 중국 통일

제나라는 계릉, 마릉 전투에서 승리하며 중원의 강대국으로 급부상했다. 한편 진나라는 위나라의 국력이 쇠해진 틈을 타서 하서河西 땅을 차지하고 호시탐탐 중원을 노렸다. 중원에는 진나라와 제나라의 새로운 대립 국면이 형성되었다. 그러나 진나라가 전국칠웅 가운데 6국의 합종合縱 동맹을 무력화시키며 파촉巴蜀 땅, 즉 지금의 쓰촨 성四川省, 충칭重慶 지역을 점령한 후부터 진나라의 세력이 점차 커지기 시작했다. 진나라는 '원교진공(遠交進攻: 먼나라와는 동맹을 맺고 가까운 나라부터 공격하는 외교정책)' 정책을 실시해 주변의 한, 조, 위나라 3국을 수시로 공격했다.

기원전 262년에 진나라는 위나라를 멸망시키고 한나라의 영토를 두 동강냈다. 한나라는 북쪽에 고립된 상당上党 지역을 진나라에 주고 강화를 맺으려 했는데 상당 군수 풍정馮亭이 자의로 이곳을 조나라에 바치며 원군을 요청했다. 진나라가 이를 구실 삼아 바로 상당 지역을 점령한 후 대군을 이끌고 조나라를 공격했다. 두 나라는 장평長平에서 대치하게 되었다. 조나라의 명장 염파廉頗는 장평에 견고한 보루를 구축해 진나라 군대의 공격을 철저히 막아냈다. 염파의 수비에 번번이 고배를 마신 진나라는 염파를 궁지에 몰리게 할 묘책을 강구했다. 이에 염파가 수비만 치중하고 공격하지 않는 이유가 진나라와 몰래 내통하고 있기 때문이라고 소문을 냈다. 조나라는 진나라의 이간책에 넘어가 염파를 조괄趙括로 교체했다. 조괄은 병서에는 능통했으나 실전에 응용할 줄 모르는 인물이었다. 당연히 그는 진나라의 백전노장 백기白起의 상대가 되지 못했다. 결국 장평 전투에서 45만 명의 병사를 잃은 조나라는 국력이 급격히 쇠퇴했다. 반면 진나라는 장평 전투의 승리를 계기로 전국칠웅의 최강자로 떠올랐으며, 이로부터 36년 후 6국을 멸망시키고 중국 최초로 통일 제국을 건설했다.

진나라의 폭정과 초楚·한漢 전쟁

기원전 221년에 진나라는 중국을 통일하고 전제주의 중앙집권제를 확립했다. 진시황은 대외 확장 정책을 고수해 북쪽으로 흉노를 정벌하고, 남쪽으로 백월百越을 정복했다. 당시 진나라의 영토는 동쪽으로 요동

遼東, 서쪽으로 감숙고원甘肅高原, 남쪽으로 영남嶺南, 북쪽으로 하투河套, 음산陰山, 요동에 이를 만큼 방대했다.

그러나 진나라는 너무 가혹하게 백성들을 통치했기에 농민 반란을 피할 수 없었다. 기원전 209년 7월 진승陳勝, 오광吳廣 등이 이끄는 농민 봉기군이 진나라의 폭정에 반기를 들고 안휘성安徽省(안후이 성) 숙현宿縣 대택향大澤鄕에서 난을 일으켰다. 진나라 정부는 이들 봉기를 진압하는 데 성공하긴 했지만, 이때부터 통치 기반이 크게 흔들리게 되었다.

진승과 오광의 봉기가 실패한 뒤에도 농민 봉기는 끊이지 않았으며 군웅이 할거하는 혼란 국면이 지속되었다. 후에 초패왕楚霸王 항우項羽와 한왕漢王 유방劉邦으로 양분된 세력은 치열한 세력다툼을 벌였다. 역사상 초·한전으로 불리는 이 전쟁은 결국 유방의 승리로 끝이 났다.

한나라와 흉노족의 전쟁

진나라는 중국을 통일한 후, 호시탐탐 중원을 노리는 흉노족과 대치했다. 진시황은 군대를 파병해 이들의 남하를 저지하기도 했다.

진나라의 세력이 약화되고 초나라와 한나라가 전쟁에 한창일 무렵, 이 틈을 노려 흉노족이 하투 이남 지역까지 침범했다. 특히 모돈冒頓(또는 묵돌) 선우單于(흉노족의 군주를 지칭하는 말) 집권기에는 한반도 북부에서 몽골 고원을 거쳐 서쪽으로 저강氐羌족과 경계를 이룰 만큼 영토를 확대했다. 당시 흉노족은 30만 대군을 보유해 군사력도 막강했다.

유화 〈곽거병의 하서 수복霍去病收復河西〉.
곽거병은 흉노와의 전쟁에서 혁혁한 공을 세운 인물이다. 그러나 젊은 나이에 요절해 흉노 토벌의 뜻은 이루지 못했다.

전한前漢(기원전 206년~기원후 25년, 서한西漢이라고도 함) 시대 흉노족과의 관계는 크게 3단계로 구분할 수 있다. 전한 초기에는 강한 흉노에 맞서기보다 화친을 맺고 정세를 관망했다. 무제武帝가 집권한 중기에는 신장된 군사력을 바탕으로 흉노와 전쟁을 벌여 승리를 거두기 시작했다. 전한 말기 선제宣帝와 원제元帝 시대에는 한과 흉노 모두 내홍에 휘말려 대규모 전쟁은 엄두도 내지 못했다. 갈등과 화친을 반복하다가 흉노는 결국 한에 흡수되었다.

삼국 시대

후한後漢(기원후 25~220년, 동한東漢이라고도 함)이 멸망한 후 중국은 위魏·촉蜀·오吳 삼국 시대가 열렸다. 관도대전官渡大戰, 적벽대전赤壁大戰, 이릉대전彝陵大戰 등이 모두 이 시기에 벌어졌다.

관도대전은 200년경 북방의 최대 군벌 원소袁紹와 조조曹操가 벌인 전투이다. 전쟁이 교착 상태에 빠져 있을 때 조조는 원소의 식량저장고 오소烏巢를 습격해 결정적인 타격을 입혔다. 관도대전의 승리를 계기로 조조는 북방 통일의 토대를 마련했다.

208년에 일어난 적벽대전은 조조에 맞서 손권-유비 연합군이 벌인 전투이다. 당시 조조는 20만 대군을 이끌고 내려왔으며 손권-유비 연합군의 병력은 4만에 불과했다. 수적으로는 조조의 군대가 우세를 보였지만 조조군은 오랜 행군으로 지칠 대로 지쳐 있었으며 새로 편제된 유표劉表(삼국 시대 형주자사荊州刺史 조조가 형주를 공격하기에 앞서 병사했으며 그의 아들 유종劉琮이 조조에 항복하면서 형주는 조조에게 귀속됨)의 군사들은 조조에 적대적이었다. 이에 반해 손권의 수군은 고도의 훈련으로 단련되어 막강한 전투력과 결연한 의지로 사기가 충전되어 수적 열세를 극복하기에 충분했다. 여기에 오나라 주유周瑜 장군의 부하 황개黃蓋가 위장투항 계책을 써서 화공火攻으로 조조의 수군水軍을 대파했다. 조조는 북방으로 퇴거할 수밖에 없었다. 적벽대전 후, 위·촉·오 삼국은 팽팽한 긴장구도를 형성하게 되었다.

삼국 가운데 위나라의 세력이 가장 강했으므로 오나라와 촉나라는 동맹을 맺고 위나라에 맞섰다. 두 나라가 연합전선을 구사하고 있는 이상 위나라도 함부로 전쟁을 감행할 수 없었다. 그러나 오·촉 동맹은 오래가지 못했다. 형주와 한중漢中의 귀속권을 두고 유비와 손권의 갈등이 증폭되었기 때문이었다. 당시 형주는 유비의 수중에 있었다. 그러나 유비가 한중을 차지하기 위해 출격하자 이틈을 타서 손권이 형주를 차지해버렸다. 당시 형주를 수비하던 관우가 손권에 의해 참수되자 유비는 손권을 응징하기 위해 출정했다. 그러나 육손陸遜이 이끄는 오나라 군대가 장기전을 유도하면서 군대의 사기가 점점 떨어졌다. 결국 이릉에서 오나라 군의 화공을 받아 촉나라 군대는 대패하고 말았다.

비수대전淝水大戰

삼국을 통일한 서진西晉이 멸망한 후, 중국은 오호십육국五胡十六國 시대를 맞이했다.

비수대전. 전진의 패배로 끝이 났으며, 향후 남북조 대립 형국의 계기가 되었다.

비수대전은 383년에 전진前秦의 부견符堅이 중국 통일의 야심을 실현하고자 동진東晉을 공격하면서 벌인 전투이다.

부견의 부대는 87만으로 수적인 우세를 자랑했다. 그러나 대부분 그가 무력으로 정복한 지역에서 징집한 병사들이었기 때문에 전투 의지가 현저히 떨어졌다. 이에 반해 동진의 병력은 8만에 불과했지만 온 백성의 지지 속에 사기충천해 있었다. 양군은 비수를 사이에 두고 대치했는데 부견은 주서朱序를 사자로 보내 동진에 항복을 권고했다. 그러나 본래 동진을 섬겼던 주서는 부견의 전 병력이 집결하기 전에 전진을 공격하도록 건의했다. 이에 동진은 부견에게 강가에서 약간 물러나 동진군이 강을 건넌 다음 한판 전투를 벌이자고 제안했다. 부견은 동진군이 강을 건너는 중간에 공격할 속셈으로 이를 받아들이고 물러서기 시작했다. 그러나 후퇴에 겁을 먹은 병사들이 이탈하면서 대혼란이 일어났다. 이 틈을 타서 도하에 성공한 동진군은 우왕좌왕하는 전진군을 공격해 대승을 거둘 수 있었다.

비수대전을 계기로 동진은 산동山東, 하남河南 대부분 지역을 되찾았으며, 중국은 남북조가 대립하는 형국을 맞게 되었다.

제3장

철기 시대의 전쟁 –중세기 전쟁

476년 서로마 제국이 멸망하면서 중세기가 시작되었다. 동양에서는 중국 여러 왕조의 치열한 세력 쟁탈이 벌어졌으며 서양은 비잔틴 제국의 대외 원정이 활발히 전개되었다. 한편 드넓은 초원을 누비며 급부상한 몽골 제국이 유라시아 대륙을 침범하면서 유럽과 아시아는 전쟁의 경계선이 모호해졌다. 이 시기에 중국의 화약이 서양으로 유입되면서 세계는 화약무기의 시대로 진입하게 되었다.

HISTORY OF WAR

비잔틴 제국

4세기 초, 콘스탄티누스Constantinus 황제는 비잔틴에 새로운 성을 건축했다. 삼면이 바다로 둘러싸여 있으며 높고 견고한 성벽이 그 위용을 자랑하는 이 성은 '콘스탄티누스가 지은 성'이란 뜻의 콘스탄티노플Constantinople로 불리게 되었다. 콘스탄티노플은 천 년 동안 비잔틴의 수도로 그 명성을 이어갔다. 비잔틴 제국이 천 년 동안 건재할 수 있었던 이유는 바로 세계 최강의 군대를 보유했기 때문이다.

유스티니아누스의 야망

527년, 농민 출신의 유스티니아누스Justinian가 비잔틴 제국의 황제로 즉위했다. 그는 로마 제국의 옛 영토를 되찾아 방대한 제국을 재건하려는 야심을 지닌 인물이었다. 이에 즉위 초부터 내정을 개혁하고 입법을 강화하는 등 국가 쇄신에 나섰다.

로마 제국 재건을 위해 우선 동방의 페르시아 정복에 나섰다. 다른 서방 국가를 공격할 때 페르시아가 후방을 교란시키지 않도록 미리 손을 보기로 한 것이다.

유스티니아누스 황제. 로마 제국을 재건할 야심에 불탔지만, 실현시키지 못했다.

유스티니아누스는 스물다섯의 젊은 장군 벨리사리우스Belisarius를 수장으로 삼고 페르시아로 진격했다. 벨리사리우스는 다라에서 페르시아 군을 대파하며 큰 승리를 거뒀다. 유스티니아누스는 이탈리아를 정복할 야심에 우선 막대한 재물로 페르시아를 회유해 화친을 맺고 국경 부근에 요새와 보루를 구축하는 등 방어 시설을 강화했다.

당시 비잔틴 제국의 서쪽으로는 동고트 왕국, 앵글로-색슨 왕국, 프랑크 왕국, 부르고뉴Burgundy 왕국, 서고트 왕국, 그리고 반달 왕국이 자리하고 있었다. 이 가운데 북아프리카의 반달 왕국의 정치 기반이 가장 불안하고 군사력도 약했다.

531년에 반달 왕국의 힐데리히Childerich 국왕이 그의 조카 겔리메르Gelimer에게 왕위를 빼앗기고 감옥에 갇히는 사건이 발생했다. 유스티니아누스는 힐데리히와의 젊은 시절 친분을 들어 그를 복위시킨다는 명분으로 반달 왕국과의 전쟁을 선포했다.

533년 벨리사리우스가 이끄는 비잔틴 군은 반달 왕국 원정에 나서 승리함으로써 로마의 옛 북아프리카 영토를 회복했다. 유스티니아누스는 이러한 여세를 몰아 동고트 왕국 정복을 감행하기로 했다.

535년 겨울, 우선 3,000명의 병력을 달마티아Dalmatia로 투입해 북진하면서 적의 주력부대를 유인했다. 또한 막대한 재물로 프랑크 왕국을 유혹해 동맹을 맺고 동고트 왕국 공격 시에 협조 약속을 얻어냈다. 벨리사리우스는 7,500명의 군사를 이끌고 시칠리아 섬을 공격했다. 그는 마치 카르타고 성이 최종 목적지인 것처럼 소문을 퍼뜨렸다. 시칠리아의 경계가 느슨해지자 이 틈을 타 손쉽게 이곳을 정복했다. 그리고 540년, 마침내 동고트 왕국의 수도 라벤나Ravenna를 정복했다.

벨리사리우스가 이같이 선전하자 유스티니아누스는 그가 혹시 변절할까 두려워졌다. 이에 벨리사리우스의 군대를 일부러 유프라테스 강 일대로 보내 페르시아 군과 교전하도록 했다. 그러나 벨리사리우스가 없는 틈을 타 동고트 왕국의 반격이 시작되었다. 새로운 군주 토틸라Tortilla의 지휘 아래 동고트 왕국은 이탈리아 대부분의 영토를 수복하고 나폴리까지 함락시켰다.

유스티니아누스는 어쩔 수 없이 다시 벨리사리우스를 불러들였다. 그러나 4,000명의 군사 외에 다른 병력을 전혀 지원하지 않았다. 벨리사리우스는 수차례 증원을 요청했지만 계속 거절당하자 결국 548년 사령관의 자리를 내놓고 물러났다.

비잔틴 제국의 명장 벨리사리우스. 그러나 그의 말년은 구걸로 연명할 만큼 비참했다.

벨리사리우스가 떠난 후 또다시 동고트 왕국의 맹공격이 시작되었다. 비잔틴 제국은 라벤나를 비롯해 몇몇 도시만을 어렵게 수성하고 있었다. 이러한 난관을 극복하기 위해 유스티니아누스는 그의 측근이자 궁정환관인 나르세스Narses를 사령관으로 삼아 대규모 군대를 파견했다. 나르세스는 타기나이(부스타 갈로룸Busta Gallorum)에서 동고트 군을 대파하고 전세를 역전시키는 데 성공했다.

그는 여세를 몰아 동고트 왕국의 저항군 잔여세력을 제압했으며 이탈리아 영토에 거주하던 프랑크족까지 몰아냈다. 554년에 이르러 비잔틴 제국은 마침내 북아프리카, 달마티아, 이탈리아, 스페인 동남부, 시칠리아, 사르데냐 섬 등 방대한 영토를 차지하게 되었다.

비잔틴 제국의 레오 3세. 그의 지도 아래 비잔틴 제국은 아랍군의 공격을 막아냈다.

아랍과의 결전

634년에 아랍의 제2대 칼리프 우마르Umar가 즉위했다. 비잔틴 제국이 무리한 대외 전쟁으로 국력이 바닥난 것을 알아챈 그는 비잔틴에 빼앗긴 영토를 되찾을 궁리를 하게 되었다.

이에 669년 봄, 군대를 이끌고 콘스탄티노플에 첫 공격을 감행했으나 실패했다. 그러나 715년 병력을 둘로 나눠 소아시아로 진입시킨 뒤 콘스탄티노플을 다시 공격했다. 당시 비잔틴 제국은 인구가 점점 줄어들고 영토도 사분오열되었을 뿐만 아니라 육군과 해군이 심한 갈등을 빚으면서 국력이 바닥난 상태였다. 직업군인 출신의 레오 3세Leo III가 비잔틴 제국의 황제에 오른 후에야 군대를 재정비하며 전쟁에 대비하기 시작했다. 레오 3세는 콘스탄티노플의 높은 성벽을 이용해 장기 방어전에 돌입했다.

아랍군이 콘스탄티노플 점령에 실패를 거듭하고 있을 무렵, 설상가상으로 불가리아와 프랑크 왕국이 턱밑까지 압박해왔다. 결국 718년 8월 철군하기 시작했으나 돌아오던 중 예상치 못한 폭풍우를 만나 전멸하고 말았다. 출정 당시에는 전함이 2,560척에 달하고 육군병사는 20만 명에 육박했다. 하지만 전함 다섯 척을 비롯해 병사 3만 명만이 살아 돌아갔다.

비잔틴 제국은 720년부터 반격에 나서 소아시아(터키) 동부까지 그 세력을 다시 확대했다. 그로부터 200년 동안 메소포타미아 지역을 비롯해 크레타 섬, 키프로스 등을 차례로 정복하며 세력을 회복했다.

셀주크투르크의 공격

과거 영토를 거의 회복한 비잔틴 제국은 1040년에 새로운 강적 셀주크투르크를 만나게 된다. 1067년에 비잔틴 제국의 황제로 즉위한 로마누스Rōmanos는 마케도니아, 아르메니아, 불가리아, 프랑크 왕국 등 다양한 국가의 병사들로 군대를 조직해 셀주크를 공격했다. 그러나 일명 '치고 빠지기' 전술을 구사한 셀주크의 유격전에 휘말리며 공격다운 공격조차 한 번 펼치지 못했다. 셀주크는 비잔틴 주력부대와의 정면 대응을 교묘히 피해갔으므로 전력에 타격을 입히기 어려웠다.

1071년에 시리아에 도착한 로마누스는 아르메니아에 있는 만지케르트Manzikert와 갈라티아Galatia를 동시에 점령하기 위해 병력을 둘로 나누어 출발했다. 만지케르트는 손쉽게 로마누스의 수중에 들어왔다. 당시 셀주크투르크의 술탄(Sultan, 이슬람세계의 군주)도 마침 시리아에 있었다. 만지케르트가 로마누스에 점령된 소식을 들은 그는 만지케르트의 잔병과 기타 원군을 합쳐 4만의 병력으로 갈라티아에서 일전을 준비했다. 우선 기병부대를 출동시켜 비잔틴 제국의 중장보병을 습격하고 이들을 다른 지역으로 유인해냈다. 자신은 주력부대를 이끌고 로마누스의 부대를 기다렸다.

로마누스는 주력군인 중장보병부대가 너무 멀리 떨어져 있는 점이 염려되었지만, 설마 셀주크투르크의 주력부대와 맞닥뜨릴 줄은 꿈에도 생각지 못했다. 그들은 유격 전술에만 능하다고 믿고 있었기 때문이었다.

결국 예상치 못한 셀주크 주력부대의 공격에 비잔틴 군은 맥을 추지 못한 채, 아시아의 전략적 요충지역을 빼앗기고 말았다. 유라시아와 아프리카를 아우르는 거대 왕국 비잔틴 제국은 이때부터 급속히 쇠락했다.

HISTORY OF WAR

아랍 제국

초기 아랍의 군사력은 규모, 무기 등 모든 면에서 보잘 것이 없었다. 그러나 점차 군대의 규모가 커지고 신식무기로 무장하기 시작했다. 그 결과 유라시아 대륙을 천 년 동안 호령했던 페르시아 제국을 대신해 비잔틴, 유럽 각국과 어깨를 나란히 하게 되었다.

자신의 종교 사상을 설파하는 마호메트.

서아시아 정복

마호메트가 세상을 떠난 뒤 이슬람교로 하나가 된 아랍인들은 대외 원정을 감행했다. 내란이 평정되자 633년에 아라비아 반도를 출발해 팔레스타인과 시리아 정벌에 나선 것이다. 병력을 셋으로 나눠 부대별로 7,500명의 병사를 배치했다. 당시 비잔틴과 페르시아는 오랜 전쟁으로 국력을 소진해 아랍의 공격을 막아낼 힘이 없었다. 636년에는 명장 왈리드Walid가 이끄는 아랍 군이 이라크, 시리아로 진격했다. 먼저 가산Ghassan 왕국을 공격해 수도 바스라를 함락시킨 후 요르단의 펠라Pella와 시리아 다마스쿠스Damascus를 차례로 점령했다. 다마스쿠스를 되찾기 위해 비잔틴 제국이 5만의 대군으로 공격을 감행하자 왈리드는 요르단 강 동쪽 지류 야르무크Yarmouk 강으로 일단 철군했다. 그곳에서 비잔틴의 주력부대를 기다렸다가 대파한 후 다시 다마스쿠스를 되찾고 시리아 전역을 정복하기에 이르렀다. 아랍 군은 여세를 몰아 예루살렘을 포위 공격했다. 예루살렘은 2년을 버티다가 638년 결국 아랍 군에 항복하고 말았다.

아랍 군은 시리아와 더불어 페르시아와 이집트도 공격했다. 633년에 힐라Hilla를 점령한 후 페르시아로 진격했다. 페르시아 군은 전투 코끼리 부대를 앞세워 반격에 나섰다. 637년 6월, 병력을 보강해 카디시야Qādisiyyah 전투에서 승리한 아랍 군은 페르시아의 수도 크테시폰Ctesiphon을 점령했다. 이로써 페르시아도 아랍 제국의 속국이 되었다. 639년 말에는 비잔틴 제국의 곡창지대인 이집트를 습격했다. 아랍 군은 여세를 몰아 640년에 카이로에 도착한 비잔틴 군을 대파하고, 642년에는 알렉산드리아Alexandria, 키레나이카Cyrenaica까지 점령했다. 결국 비잔틴 제국은 이집트를 아랍에 빼앗기고 말았다. 아랍 군은 여세를 몰아 643년 리비아를 점령하고 647년에는 튀니지, 알제리, 모로코 등 본디 비잔틴 제국에 속했던 북아프리카 지역을 모두 차지했다.

그러나 아랍 제국이 지중해까지 장악하기 위해서는 강력한 해군이 필요했다. 이에 소아시아 연안 주민들을 징집해 해군을 창설하고 지중해 섬 가운데 전략적으로 중요한 지역을 점령했다. 7세기 중엽에 이르러 아랍 영토는 서쪽으로 북아프리

비잔틴 군이 아랍 해군 공격 시에 사용했던 '그리스의 불(Greek Fire, 또는 '그리스 화약'이라고도 함)'

카, 동쪽으로 인도 접경지대까지 미쳤다. 북쪽으로는 아르메니아 북부를 장악하며 비잔틴 제국의 극동 지역 대부분을 수중에 넣었다. 그러나 659년에 아랍 귀족들 사이에 내홍이 발생하면서 대외 확장의 발걸음을 잠시 멈추게 되었다. 661년에는 시리아를 발판으로 아랍 제국의 첫 번째 왕조인 우마이야 왕조Ummaya Dynasty가 탄생했다. 내홍을 평정한 아랍 제국은 비잔틴 제국에 대한 공격을 재개했다.

비잔틴 공격

아랍 제국은 먼저 비잔틴 제국의 연해도시를 공격 목표로 정했다. 아랍 함대는 에게 해를 거쳐 마르마라 해Sea of Marmara의 키지쿠스Cyzicus에 정착한 후,

이곳에 해군 군사기지를 세웠다.

그리고 673년부터 677년까지 매년 여름이 되면 콘스탄티노플을 공격했다. 이에 맞서는 비잔틴 제국도 수비를 더욱 강화했다. 특히 '그리스의 불'이란 이름의 액체 화약으로 아랍 함대를 격퇴한 일화는 유명하다. 결국 아랍 군은 677년 6월에 콘스탄티노플에서 철수해 귀국길에 올랐다. 그러나 귀국길에 예상치 못한 폭풍우를 만나 병력 대부분을 잃고 말았다. 소아시아 지역을 공격하던 육군도 대패하자 조공을 바치는 조건으로 678년에 비잔틴 제국과 강화조약을 체결하게 되었다.

계속되는 대외 원정

아랍 제국의 북아프리카 원정은 순조롭게 진행되었다. 697년부터 698년에 걸쳐 카르타고를 정복함으로써 비잔틴 제국의 북아프리카 통치에 종지부를 찍었다. 709년에 아랍 군대는 대서양 연안까지 진출했다.

711년 봄에는 아랍 병사 300명과 이슬람교를 신봉하는 베르베르Berber족으로 구성된 군대가 이베리아 반도에 진입했다. 서고트 왕국이 내홍과 종교 갈등으로 혼란을 빚고 있는 틈을 타서 반도 대부분을 점령했다. 그러나 732년 10월, 푸아티에Poitiers에서 치를 프랑크족과의 교전에서 패배하고 말았다. 게다가 이베리아 반도 주민의 저항 의지가 워낙 완강하고 스페인 주둔 아랍 군 내부에서 민족 갈등이 발생하면서 아랍의 통치는 오래가지 못했다. 8세기 중엽에 골 지방에서 철수하면서 유럽 원정은 막을 내렸다.

아랍 제국의 원정 무대는 중앙아시아의 페르가나Fergana, 카불Kabul에까지 미쳤다. 이곳을 차지하기 위해 아랍 군대는 705년부터 715년까지 투르크 유목 민족, 그리고 중국과도 교전을 펼쳤다. 712년에는 6,000명에 못 미치는 병력으로 인도를 공격했다. 이들은 낙타를 이용해 분리와 조합이 가능한 투석기를 운반해왔기 때문에 전투력은 절대 뒤지지 않았다. 인도는 결국 아랍의 수중에 들어오게 되었다.

비잔틴 제국의 반격

717년 콘스탄티노플 전투를 계기로 비잔틴 제국은 소아시아와 시리아에 대한 전면 공격을 개시했다. 이에 아랍 제국도 전략적 방어에 들어갈 수밖에 없었다.

746년 키프로스Cyprus 부근에서 벌어진 해전에서 비잔틴 제국은 1,000여 척의 함대를 보유한 아랍 해군을 무찌르고 키프로스를 되찾았다. 8세기 후반에 이르러 아랍 제국을 소아시아 동부까지 몰아내며 '비잔틴 제국'의 면모를 회복하는 듯했다.

아랍 제국의 내부에도 변화가 일어났다. 750년에 마호메트 가문의 아바스Abbas 왕조가 우마이야 왕조를 몰아내고 정권을 잡은 후 수도를 바그다드로 옮겼다. 이때부터 아랍 제국은 비잔틴 제국과 소아시아, 메소포타미아, 흑해 연안, 지중해 동부, 이탈리아 등지에서 잦은 갈등을 빚게 되었다.

HISTORY OF WAR

서유럽의 정세 변화

비잔틴 제국이 페르시아, 아랍 제국과 치열한 전쟁을 벌이고 있을 무렵, 유럽의 각국이 서로마 제국의 폐허를 딛고 성장하기 시작했다. 이들은 부단히 군사력을 키워 비잔틴, 페르시아, 아랍 제국과도 어깨를 견줄 수 있을 만큼 강력한 군대를 보유하게 되었다.

중세 유럽의 군 편제

중세 유럽에서는 '봉건제도'가 실시되었다. 봉건제도는 토지를 분봉分封할 때 그 토지에 거주하는 주민들까지 함께 분봉하는 제도를 말한다. 이러한 정치적 종속관계로 인해 봉토를 받은 영주는 전시에 국왕을 보필해 참전해야 할 의무가 있었다. 그러나 영주들은 전시에만 집결해 국왕의 명령을 따랐을 뿐, 상호 간에는 예속관계가 존재하지 않았다. 10세기부터 독립된 군대를 보유한 영주들이 등장하기 시작했다. 일례로 키프로스의 노브고로드Novgorod 공국의 경우, 100명으로 구성된 2개의 부대를 하나의 군단으로 편성했으며 시의회에서 선출한 최고사령관이 지휘를 담당했다.

중세 유럽의 군대는 육군과 해군으로 나뉘었다. 육군의 주력군은 기병이었다. 8세기 프랑크 왕국에서 먼저 기병부대를 조직했다. 아랍 제국, 비잔틴 제국과의 교전 경험을 통해 기병의 중요성을 뼈저리게 느꼈기 때문이었다. 유럽 각국도 이를 모방해 기병의 수를 대폭 증가시켰다. 기병 대부분은 중장기병으로 평상시에는 각자의 봉토에 흩어져서 거주했다. 따라서 단체훈련을 하는 경우는 거의 없었다. 다만, 일종의 무술 대회를 개최해 우수한 기병을 뽑아 포상했는데 이는 기병 개인의 전투력을 높이는 데 매우 효과적인 방법이었다.

중세 유럽의 기병

이에 비해 해군은 매우 빈약했다. 8, 9세기경 유틀란트Jutland 반도와 스칸디나비아Scandinavia 반도에 거주하던 노르만족이 거대한 함대를 보유하긴 했지만, 이들은 영국, 프랑스, 키프로스 등지에서 약탈을 일삼는 해적일 뿐이었다. 9세기 말에 드디어 앵글로-색슨 왕국의 전설적인 국왕 알프레드 대왕Alfred The Great이 등장했다. 그는 영국 최초로 함대를 구축해 노르만족을 물리친 것으로 유명하다. 10세기 말부터 베네치아, 제노바, 피사 등 이탈리아 도시를 중심으로 자체 해군 함대를 보유하기 시작했다. 특히 키프로스는 수백 척의 군함으로 구성된 함대를 앞세워 발트 해Baltic Sea까지 원정을 나서는 등 해상패권을 장악하려 했다. 그러나 유럽 각국의 해군이 급성장한 시기는 15세기 이후로 중세기 중반까지는 여전히 비잔틴, 페르시아, 아랍 제국이 해상을 장악했다.

푸아티에 전투. 아랍 제국은 이 전투에서 패배한 후 유럽 원정의 기세가 크게 꺾였다.

또한 중세 중반의 유럽 각국의 무기는 여전히 칼, 창 등 재래식 무기에 머물러 있었다. 신식이라고 해봐야 크로스보우cross bow(발사장치가 달린 활로 나무막대 위에 장착한 형태의 석궁), 장궁長弓, 미늘창(끝이 나뭇가지처럼 둘 또는 세 가닥으로 갈라진 창)이 고작이었다.

푸아티에 전투

734년에 아랍 제국의 스페인 총독 아브드 알 라만Abd ar-Rahmān이 프랑크 왕국을 침공했다. 프랑크 왕국의 카를 마르텔Karl Martell 재상은 귀족과 농민으로 군대를 조직해 아랍 군에 대응했다. 그는 군대를 우회시켜 아랍 군의 측면을 공격하려 했다. 그러나 이를 알아차린 알 라만은 재빨리 부대를 퇴각시켰고 양군은 푸아티에Poitiers 부근에서 맞닥뜨렸다.

프랑크 왕국의 주력군은 보병이었다. 이들은 방진 중앙에 배치되었고 그 양쪽으로 귀족 출신의 중장기병들이 포진했다. 맨 앞에는 궁수들이 자리 잡았다. 전투가 시작되자 아랍 군은 언제나처럼 경장기병들을 출동시켜 맹렬한 공격을 퍼부었다. 그러나 프랑크 왕국 보병들의 견고한 밀집 방진은 철벽처럼 꿈쩍도 하지 않았다. 날이 저물고 아랍 기병들의 사기가 떨어질 무렵, 프랑크 왕국 중장기병들이 아랍 군대 양측에서 공격을 시작했다. 전투 도중 알 라만이 전사하자 아랍 군은 공격 의지를 완전히 상실했다.

푸아티에 전투의 참패로 아랍 제국은 유럽 원정에 제동이 걸렸다. 반면 프랑크 왕국은 카를 마르텔Karl Martell의 지속적인 군사 개혁에 힘입어 '기사 제도'를 확립하는 등 군사력이 크게 증강했다. 카를 마르텔의 아들 피핀Pepin은 부친의 뒤를 이어 10년 동안 프랑크 왕국 재상을 지냈다. 그는 남다른 야심의 소유자였다. 결국 어린 국왕을 폐위시키고 왕좌에 올라 카롤링거 왕조를 열었다. 피핀의 아들이 바로 방대한 기독교 제국을 건설한 샤를마뉴Charlemagne 대제이다.

샤를마뉴 대제의 대관식. 교황이 직접 그에게 왕관을 씌워주고 있다. 이때부터 교황은 유럽 각국의 국왕들과 긴밀한 관계를 형성했다.

샤를마뉴 대제

샤를마뉴 대제는 서유럽을 통일해 기독교가 지배하는 초강대국을 건설하려는 야망을 지닌 인물이었다. 그는 자신의 야망을 실현하기 위해 먼저 강력한 군대를 양성했다. 중장기병을 주력군으로 삼고, 단검, 창, 활에 능한 보병부대, 공병대, 후방보급부대로 군대를 재편했다. 이처럼 막강한 군사력을 바탕으로 그는 대외 원정을 시작했다.

774년에는 롬바르드Lombards족을 물리치고 이탈리아 북부 지역을 차지했다. 그 후 수십 년에 걸쳐 이교도 작센족과 전쟁을 치르며 결국 기독교로 개종시켰다. 778년에는 아랍 제국이 통치하던 스페인을 공격해 바르셀로나를 점령했으며 에브로 강Ebro River 동부 지역까지 세력을 확장했다. 800년을 전후해 프랑크 왕국은 발트해에서 드네프르 강Dnepr River, 엘베 강Elbe River에서 이베리아 산에 이르는 방대한 영토를 차지했다. 이는 과거 서로마 제국의 유럽 영토와 거의 일치한다.

그러나 샤를마뉴의 대제국은 무력에 기반을 두었기 때문에 불안정할 수밖에 없었다. 그가 세상을 떠난 후 후손들의 반란이 이어지면서 프랑크 왕국은 사분오열되었다. 또한 9세기 초부터 마자르Magyar족, 노르만족의 침략이 빈번해지면서 프랑크 왕국은 결국 와해되고 말았다. 프랑크 왕국의 잔해 위에서 프랑스, 독일, 이탈리아가 탄생했다.

노르망디 공국의 잉글랜드 정복

1066년 프랑스의 노르망디 공국Normandie dukedom이 잉글랜드를 점령했다.

당시 잉글랜드는 앵글로-색슨족이 세운 여러 소국이 합병과 분열을 반복하고 있었다. 게다가 제대로 된 훈련도 받아보지 못한 농민들이 병력의 대부분이었으며 성곽도 산등성이를 따라 엉성한 울타리를 쳐 놓은 것이 전부였다. 노르망디 공국의 윌리엄 공작은 이러한 상황을 간파하고 잉글랜드 정복에 나서게 된다.

1066년 9월에 헤이스팅스Hastings에 도착한 윌리엄 공작은 진지를 구축하고 전투 태세를 갖추었다.

헤이스팅스 전투(카펫 그림). 노르망디 공국의 윌리엄 공작은 이 전투에서 승리함으로써 잉글랜드 통치 기반을 마련했다.

잉글랜드의 헤럴드 국왕은 노르웨이 군과의 전투를 승리로 장식한 후 요크York에서 휴가를 즐기고 있었다. 윌리엄 공작의 공격 소식을 듣고 황급히 런던으로 돌아온 그는 대규모 함대를 파견해 적군의 퇴로를 차단하고 대대적인 반격에 나섰다.

양군 사이에 접전이 계속되었지만, 윌리엄의 군대는 좀처럼 잉글랜드의 방어선을 뚫을 수 없었다. 이에 그는 후퇴하는 척하며 잉글랜드의 군사들을 진지에서 끌어내는 전략을 썼다. 이 방법이 적중하면서 잉글랜드 군은 윌리엄의 군대에 포위되고 말았다.

전투 도중 헤럴드 국왕이 전사하자 잉글랜드 군은 급격히 와해되었고 결국 방어선이 무너졌다.

헤이스팅스 전투에서 승리한 윌리엄 공작은 1066년 성탄절에 잉글랜드 국왕에 즉위해 윌리엄 1세가 되었다.

십자군 원정

11세기 들어 비잔틴 제국과 아랍 제국의 세력은 점점 쇠퇴한 데 비해, 서유럽 봉건영주들과 도시상인, 교회의 영향력이 커지기 시작했다. 이들은 종교성지 예루살렘을 이슬람교도의 손에서 탈환하기 위해 지중해 동부 연안에 대한 군사 원정을 실시했다. 200여 년 동안 계속된 이 전쟁은 가슴에 붉은 십자가를 수놓은 옷을 입은 병사들이 출정한 것을 계기로 '십자군 원정'이라 불렸다.

1095년 11월, 로마 교황 우르바누스 2세Urbanus II는 프랑스 클레르몽 공의회에서 예루살렘 성지 탈환을 위한 군대를 모집했다. 이후 십자군 원정은 모두 9차례에 걸쳐 진행되었다.

1096년부터 1099년까지 진행된 1차 원정에는 총 10만의 병력이 동원되었다. 중세 기사들이 주축이 되어 군대를 일으켰는데 1097년에 콘스탄티노플에 집결한 후 소아시아로 진격했다. 셀주크투르크의 수도 니케아를 정복한 십자군은 여세를 몰아 1099년 7월에 마침내 예루살렘을 점령했다. 이들은 지중해 연안 지역을 정복하고 유럽식 봉건국가를 세웠으나 지나친 폭정으로 민중 봉기가 끊이지 않았고 불안정한 정세가 지속되었다.

사자 왕 리처드 1세와 살라딘이 이끄는 아랍 군대의 격돌.

십자군 2차 원정(1147~1149년)은 프랑스 국왕 루이 7세Louis le Jeune와 독일 황제 콘라트 3세Konrad III가 일으켰다. 그러나 성급히 출정한 독일 십자군은 소아시아에서 투르크의 공격을 받고 전멸했다. 또한 본래 다마스쿠스Damascus 점령이 목적이었던 프랑스 군도 뜻을 이루지 못함으로써 2차 원정은 아무런 소득도 얻지 못한 채 끝이 났다.

신성로마제국의 황제 '붉은 수염 왕' 프리드리히 1세Friedrich I와 프랑스의 필리프 2세Philippe II, 잉글랜드의 사자 왕 리처드 1세Richard I가 출정한 3차 원정(1189~1192년) 역시 십자군 내부의 갈등으로 흐지부지 끝이 났다.

십자군 4차 원정(1202~1204년)은 교황 인노켄티우스 3세Innocentius III가 이집트를 공격하기 위해 소집했다. 프랑스와 이탈리아 귀족이 주축을 이룬 4차 원정군은 바다를 건너 이집트까지 이동할 선박을 베네치아에서 사들였다. 그러나 어찌된 영문인지 이 대금을 지불하지 못하게 되었다. 베네치아는 십자군을 종용해 헝가리 자라 시를 점령하고 비잔틴 제국의 내홍을 틈타 콘스탄티노플을 공격해 사흘 동안 약탈을 일삼았다. 베네치아가 비잔틴 제국의 40%에 해당하는 영토를 차지했으며 십자군은 콘스탄티노플을 중심으로 라틴 제국을 세웠다. 아테네 공국과 아카이아Achaea 공국은 라틴 제국의 속국이 되었다.

십자군의 4차 원정은 약탈이 목적이 되어버려 본래의 취지를 완전히 상실했다. 비극은 여기에서 그치지 않았다. 십자군은 예루살렘 탈환을 목적으로 12세 이하의 아동들로 구성된 '소년 십자군'을 조직했다. 어린 아이들이 하나님의 보호를 받아 더 안전할 수 있다는 이유에서였다. 1212년에 3만 명의 아동들로 구성된 소년 십자군이 예루살렘을 탈환하기 위해 프랑스 마르세유Marseille에서 상선商船에 올랐다. 그러나 목적지에 도착하기도 전에 폭풍을 만나 두 척이 침몰하고 겨우 다섯 척

콘스탄티노플을 점령해 약탈하는 십자군.

만 이집트에 배를 댈 수 있었다. 상황이 이렇게 되자 선박주들은 소년들을 이집트 노예시장에 팔아버렸다.

이후 서유럽 국가들은 기독교 전파를 빌미로 동유럽의 영토에 눈독을 들이기 시작했다. 특히 독일 십자군은 덴마크, 스웨덴과 연합해 동유럽 러시아를 공격했다. 그러나 러시아 연합군은 노브고로드Novgorod에서 독일 십자군의 공격을 연이어 막아냈다. 특히 페이푸스Peipus 호수 전투에서 러시아 군이 승리하자 십자군의 기세는 크게 꺾였다.

한편 비잔틴 제국을 점령해 라틴 제국을 세웠던 십자군 정부는 끊임없는 민중 봉기에 시달렸다. 결국 1261년에 십자군이 베네치아에 원군을 파견한 틈을 타서 콘스탄티노플 민중들이 봉기해 라틴 제국을 무너뜨렸다. 전세를 뒤집기 위해 로마 교회와 서유럽 봉건영주들은 이집트, 튀니지 등에 7차, 8차 원정을 감행했으나 모두 실패로 끝이 났다. 1291년에 십자군의 마지막 근거지였던 아크레Acre마저 점령당하면서 십자군 원정은 실패로 막을 내렸다.

HISTORY OF WAR

동아시아 전쟁

수隋나라의 중국 통일

서진西晉(265~317년) 말엽부터 중국은 다시 남북이 대치하고 군웅이 할거하는 혼란 국면에 빠져들었다. 북주北周, 돌궐(투르크족), 진陳나라가 3파전을 벌이는 가운데 지방 군소정권들이 난립했다.

중국 북부의 유목 민족인 투르크족은 알타이Altai 산 남부를 중심으로 세력을 키우기 시작했다. 그리고 6세기 중엽, 북제北齊와 북주北周가 전쟁을 반복하며 혼란한 틈을 타서 수십만 병사를 이끌고 남하하며 세를 확장했다.

북주의 귀족출신 양견楊堅(수나라 문제文帝)은 북주 정제靜帝를 폐위시키고 왕위에 올라 수나라를 세웠다. 건국 초기에는 어수선한 내정을 바로 잡고 통치기반을 다지는 데 힘을 쏟았다. 나라가 안정되자 곧 대외 정벌에 나서기 시작했다. 우선 남쪽의 진나라를 정벌한 후, 북방 투르크족을 토벌할 생각이었다. 그러나 투르크족의 남하하는 기세가 예사롭지 않고 그 규모가 점점 더 커지자 투르크족을 먼저 토벌하기로 마음을 바꿨다.

583년에 이르러 그간의 노력으로 국력을 키운 수나라는 수비 위주의 소극적인

중국을 통일한 수나라 문제 양견.

대처방법에서 벗어나 투르크족에 대한 반격을 준비하기 시작했다.

그해 여름, 수나라 음수군陰壽軍 장군은 북제의 재기를 꾀하고 있던 고옥녕高玉寧을 무찌르고 화룡和龍(지금의 랴오닝 성遼寧省 차오양朝陽)을 점령했다. 양견의 이복동생 양상楊爽은 삭주朔州(지금의 산시 성山西省 수오셴 현朔縣)로 진격해 백도白道에서 투르크족 카간Qagan(투르크족의 군주를 칭하는 말)과 대치했다. 양상은 5,000명의 정예기병으로 투르크족의 군대를 대파했으며 카간은 초원에 숨어 있다가 달아났다. 수나라의 공격으로 투르크족은 내부 균열이 일어났으며 그 갈등이 점점 격화되면서 서로 죽고 죽이는 혼란에 휩싸였다.

584년부터 투르크족 일부가 수나라에 귀순하기 시작했다. 양견은 그들을 회유해 정착시켰으므로 향후 10년 동안 북방은 안정이 지속될 수 있었다. 이에 수나라는 남쪽의 진나라 정벌에 집중할 수 있게 되었다.

588년 10월에 문제 양견은 차남인 진왕晉王 양광楊廣, 삼남 진왕秦王 양준楊俊, 청하공淸河公 양소楊素를 행군원수行軍元帥로 삼고 고영高熲을 장사長史로 임명해 수륙군 50만 대군을 이끌고 8개 부대로 나눠 진나라를 공격했다. 이러한 수나라의 맹공에 진나라는 바로 무너지고 말았다. 589년 5월에 양견은 300여 년 동안 지속된 군웅할거 국면을 종식시키고 마침내 중국을 통일했다.

고구려 원정

중국을 통일한 수나라는 문제, 양제 2대에 걸쳐 고구려 원정을 감행했다. 수나라에 이어 당나라도 태종太宗, 고종高宗 두 황제가 수차례 고구려 정벌에 나섰다. 중국 역대 왕조의 황제들은 왜 건국 초기에 수많은 악재를 감수하면서까지 고구려를 정벌하려 했던 것일까? 고대 중국사는 통일과 분열의 반복이었다. 중국

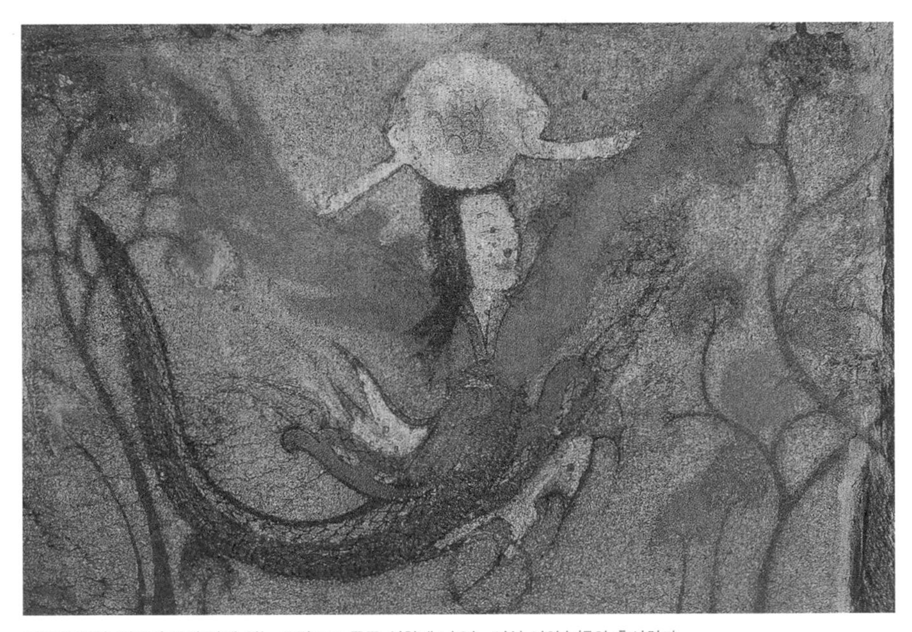

고구려 벽화. 귀족의 무덤 안에 있는 그림으로 중국 신화에 나오는 여신 여와女媧와 흡사하다.

이 남북조로 분열되어 혼란한 시기에 북방 왕조는 남방에 비해 강력한 국력을 바탕으로 통일에 유리한 여건을 가지고 있었다. 수, 당은 물론 이보다 앞선 시대의 북위北魏도 통일을 숙원사업으로 여겼다. 당시 고구려의 영토는 요동遼東까지 이르렀으며 그 세력이 점점 커져 중국의 통제를 벗어나고 있었다. 또한, 남북조의 혼란한 틈을 타서 고구려는 남조의 국가들과 긴밀한 관계를 형성했는데 이는 북방의 국가들을 크게 자극했다.

일례로 북위 효문제孝文帝 집권기에 고구려 장수왕이 여노餘奴를 남제南齊에 사신으로 파견한 적이 있었다. 이 사실을 알게 된 효문제는 바닷길에서 여노를 붙잡아 북위로 압송했다고 한다. 고구려는 북위와는 형식적인 관계를 유지하면서 남조의 왕조들과 긴밀하게 왕래했던 것이다. 따라서 고구려는 북방 왕조의 중국 통일에 큰 걸림돌이 아닐 수 없었다. 이러한 이유로 수나라는 4차례, 당나라는 무려 6차례에 걸쳐 고구려 정복을 감행했다. 고구려는 당나라 고종 때에 신라와 당나라의 연합군에 의해 멸망했다.

당唐나라의 중국 통일

수나라 양제煬帝 양광은 폭정을 일삼고 각종 토목공사에 백성을 동원했다. 또한, 대외 전쟁을 빈번하게 일으켜 민생이 크게 악화되었다. 경제가 붕괴되고 민심이 동요하면서 곳곳에서 민란이 발생하기 시작했다. 617년에 이밀李密, 두건덕竇建德, 두복위杜伏威의 봉기가 이어지고 이 틈을 타서 북방의 투르크족이 다시 수나라 북부 지방을 차지하는 등 중국은 다시 사분오열되며 혼란에 휩싸였다.

이러한 상황에서 태원유수太原留守 이연李淵이 617년 5월에 태원에서 봉기했다. 그는 투르크족, 이밀 등과 연합해 세력을 형성한 뒤 그해 12월에 수도인 장안長安에 입성했다. 양제는 강도江都로 피신했는데 자신의 신복이었던 대장군 우문화급宇文化及에게 618년 3월에 암살당했다. 618년 5월에 이연은 새로운 왕조인 당나라를 세우고 장안에서 황제의 자리에 올랐다.

이연의 아들 이세민은 설거薛擧, 이궤李軌, 유무주劉武周, 왕세충王世充, 두건덕 등 당시 군웅할거 세력들을 제압하고 하동河東과 중원 지역을 수중에 넣었다. 당나라 초기의 명장 이정李靖은 대군을 이끌고 장강이남 지방을 평정했다. 624년에 이로써 당나라는 중국을 통일하게 되었다.

당태종의 치세

당나라 초기, 중국 서북 지역의 소수민족들이 빈번하게 중원을 침략했다. 특히 투르크족은 당나라의 안위를 위협하는 골칫거리였다.

동투르크족 토벌

630년 1월, 이정 장군이 3,000명의 정예기병을 이끌고 동투르크족 근거지 정양定襄을 습격했다. 갑작스런 공격에 당황한 동투르크족 군주는 군사를 이끌고 황급히 북쪽으로 도주했으나 백도에서 미리 매복하고 있던 당나라군에게 일격을 당했다. 동투르크족의 군주는 정면 대결이 어렵다고 판단해 사신을 보내 화친을 청했다. 당나라는 이 기회를 역이용해 사신을 보내는 척하면서 군대를 파견해 토벌에 나섰다. 동투르크족의 군주는 수만의 군사만을 이끌고 토곡혼吐谷渾의 땅으로 도주했

당나라 태종 이세민. 주변 소수민족을 강력하게 진압하고 방대한 영토를 차지한 그는 당나라 번영의 토대를 다졌다. 소수민족들은 그를 '대가한大可汗'이라며 떠받들었다.

는데 측근의 배신으로 당나라군에 포로로 잡히고 만다. 이로써 당나라는 반년도 안 되어 동투르크족을 몰아내고 방대한 서북 지역의 영토를 차지했으며 이로부터 수십 년 동안은 큰 전쟁 없이 평화가 지속되었다.

토곡혼 평정

토곡혼은 중국의 오래된 소수민족으로 지금의 칭하이 성青海省 일대에 근거지를 두고 있었다. 동투르크족이 멸망하자 토곡혼의 세력이 점차 커지기 시작했다. 634년에 토곡혼의 복윤가한伏允可汗이 당나라의 곽주廓州, 난주蘭州 지역을 습격하고 서역으로 통하는 길목인 하서주랑(河西走廊)을 위협했다. 이들이 당나라의 사절단을 억류하는 사건까지 발생하자 당나라는 단지현段志玄 장군을 파견해 토벌에 나섰다. 당나라의 토벌을 피해 멀리 달아났던 토곡혼이 양주凉州를 습격하는 등 다시 출몰하자 태종은 이미 관직에서 물러났던 이정 장군을 불러들여 대대적인 토곡혼 정벌에 나섰다.

635년에 만두산曼頭山, 우심퇴牛心堆, 적수원赤水源, 촉혼산蜀渾山 등지에서 토곡혼을 연파한 당나라는 오해烏海에서 복윤가한의 군대를 대파했다. 복윤가한은 도주하던 중 그 부하에게 살해당하고 말았다. 당나라군은 마침내 토곡혼을 토벌하고 하서주랑의 안전을 확보하게 되었다.

당나라 명장 이정의 초상.

서역 통일

투르크족을 멸한 당나라는 서역 정벌을 감행했다. 이오伊吾 등을 차례로 멸망시킨 후, 정관貞觀14년에 가장 골칫거리였던 고창高昌(투르판)을 멸하고 그곳에 안서도호부安西都護府를 설치했다. 이후로도 언기焉耆(카라샤르), 구자龜玆(쿠차), 소륵疏勒(카슈가르), 우전于蚊(호탄) 등 20여 개에 달하던 서역 소국 등을 정복하고 안서사진安西四鎭을 설치해 서역 지방을 통치했다.

당태종은 서역이 안정된 후 변방을 어지럽히고 있던 또 다른 소수민족 서투르크족 정벌에 나섰다.

서투르크족 토벌

657년에 소정방蘇定方, 임아상任雅相 등의 장군이 지휘하는 당나라군이 서투르크족 사발라가한沙鉢羅可汗을 공격했다. 당나라군의 계속되는 공격에 서투르크족의 10개 씨족부락이 차례로 항복했으며 소정방은 사발라가한을 추격해 생포했다.

마침내 변방의 소수민족과 군웅할거 세력을 모두 제압한 당나라는 방대한 영토와 강력한 국력을 갖춘 다민족 통일 국가를 형성했다.

백강구白江口 전투

당나라 초기, 한반도에는 고구려, 신라, 백제 삼국이 팽팽하게 대립했다. 당시 일본은 백제와 고구려, 당나라는 신라와 긴밀한 외교관계를 형성하고 있었다.

백제가 나당연합군에 멸망한 후, 일본은 대규모 원군을 파견해 백제부흥군을 지원했다. 이에 663년에 백제 의자왕의 아들 부여풍扶麗豊은 일본 원군 4만과 백제 병사 5,000명을 이끌고 당나라 유인궤劉仁軌의 7,000병력과 신라군 5,000명에 맞서 백강구에서 결전을 벌였다. 《구당서舊唐書》〈유인궤전劉仁軌傳〉에는 “유인궤가 백강구에서 왜구와 네 차례 전투를 벌였는데 왜선 400척을 불태웠고 화염이 하늘까지 치솟았으며 바다가 붉게 물들었다.”라고 기록되어 있다. 이를 통해 백제군이 참패한 것을 알 수 있다.

백강구 전투의 패전 소식을 들은 백제의 왕자 여충余忠, 승충勝忠 등은 나당연합군에 투항했다. 백제가 멸망한 후 5년 뒤에 고구려 역시 나당연합군에 의해 멸망했으며 신라가 삼국을 통일했다.

백강구 전투가 끝나고 본국으로 돌아간 일본군은 10년 동안 봉화대를 증축하고 국경 지대에 병력을 집중시키는 등 수비에 치중했다. 또한, 당나라에 사절단을 파견해 정치 제도, 문화를 배워오기 시작했다.

탈라스 전투

고구려 출신의 당나라 장수 고선지高仙芝가 석국石國(지금의 타슈켄트 지역)을 멸망시킨 후에 당나라는 중앙아시아에 대한 영향력을 어느 정도 회복했다. 그러나 곧 아랍 제국이 대반격에 나설 것이라는 소식이 들리자 고선지는 군대를 이끌고 다시 출정했다. 751년에 아랍 제국이 다스리던 탈라스Talas 성에 도착한 고선지는 아랍 제국의 10만 대군과 대치하게 되었다. 초반에는 당나라 기병이 전투의 주도권을 쥐었다. 그러나 적군의 수가 워낙 많아 중과부적으로 점점 전세가 불리해졌다. 결국, 당나라 정예 기병 2만 명 가운데 몇천 정도 목숨을 부지해 달아났으며 탈라스 전투는 아랍제국의 승리로 끝이 났다.

탈라스 전투가 끝난 지 얼마 안 되어 당나라에 '안사安史의 난(당나라 중기에 안녹산安祿山과 사사명史思明 등이 일으킨 반란)'이 일어났다. 당나라는 더 이상 중앙아시아까지 신경 쓸 여력이 없었다. 결국 아랍 제국이 중앙아시아의 패권을 차지했다. 또한, 탈라스 전투에서 포로로 붙잡힌 당나라 제지 기술자에 의해 제지술이 서양에 전해지게 되었다.

아바스 대제. 당나라는 중앙아시아 패권을 두고 아바스 왕조를 비롯해 소무구성국昭武九姓國, 대소발률大小勃律 등 중앙아시아 연합군과 탈라스에서 전투를 벌였다. 동서양 국가의 대충돌이었던 이 전투는 훗날 세계사에 큰 영향을 끼쳤다.

HISTORY OF WAR

몽골 제국

송나라와 금나라의 세력 다툼이 한창일 무렵, 몽골에서는 테무친이 그 세력을 키워가고 있었다.

외몽고 통일

테무친의 유년시절, 몽골은 부락 간 세력 다툼이 극심했다. 1189년에 케레이트족의 수령 토그릴 완 칸의 도움으로 테무친은 키야트 씨족 동맹을 결성했다. 본래는 강력한 라이벌이었던 자무카, 그리고 타이치우트 귀족 동맹과 일전을 벌여 이들을 제거할 생각이었으나 패배하고 말았다. 그러나 곧바로 남은 세력을 규합하기에 이르렀다. 1196년에 금나라는 대규모 병력을 파견해 타타르족 토벌에 나섰다. 테무친은 토그릴 완 칸과 연합해 타타르족의 후방을 습격했으며 타타르족의 수장 메그진세울트를 죽이는 전공을 세웠다. 이로써 그는 금나라와 긴밀한 관계를 형성할 수 있었으며, 몽골 각 부족의 세력 쟁탈전에서 유리한 고지를 얻을 수 있었다.

타타르족을 대파한 후, 테무친은 반대 세력을 하나둘씩 제거하기 시작했다. 1200년에 토그릴과 연합해 타이치우트족 군대를 대파하고 과거의 패배를 설욕했다. 이로써 타이치우트가 주축이 된 귀족 동맹은 와해되었다. 이듬해 타타르족이 다른 부족 세력을 규합해 자무카를 수장으로 새로운 동맹을 결성했다. 그러나 이들의 야심찬 공격은 실패로 끝이 났으며, 1202년에 테무친의 공격으로 타타르족은 멸망하고 말았다. 그해 가을 나이만족이 메르키트, 자무카 부족과 연합해 테무친과 토그릴을 공격했다. 테무친은 금나라 변경까지 후퇴해 나이만 연합군을 격퇴했다.

1203년 가을에 테무친이 케레이트족 부락을 급습했다. 토그릴 완칸은 홀로 도주했다. 이 전투에서 승리함으로써 테무친은 몽골 부락 대부분을 통일하게 되었다.

한편 테무친과 토그릴의 동맹도 영원할 순 없었다. 1203년 봄에 토그릴은 테무친을 제거하려던 계획이 수포로 돌아가자 군대를 이끌고 테무친을 공격했다. 테무친은 열아홉 명의 기병만 데리고 겨우 몸을 피했다. 그리고 그해 가을에 케레이트족을 급습해 이를 멸망시켰다. 홀로 도주하던 토그릴은 나이만족에 붙잡혀 죽임을 당했다.

타타르, 케레이트의 연이은 멸망은 몽골 부족들을 공포로 몰아넣었다. 테무친에 두려움을 느낀 나이만족은 메르키트, 자무카 등 반 테무친 세력을 규합해

1204년부터 반격에 나섰다. 그러나 회심의 일전이 실패로 끝이 나자 나이만족도 더 이상 버티지 못하고 결국 멸망했다. 메르키트, 자무카 부족마저 정벌한 테무친은 1206년에 스스로 '칭기즈칸'이라 칭하며 황제가 되었다. 1208년에는 외몽고 대부분의 초원을 통일해 동쪽으로 아르군 강Argun River, 서쪽으로 알타이 산, 북쪽으로 바이칼 호Lake Baikal에 이르는 대제국을 건설했다.

칭기즈칸의 초상. 몽골 제국을 건설한 그는 중국 원(元)나라의 태조이기도 하다.

금金나라의 멸망

외몽고를 통일한 칭기즈칸은 금나라 정벌을 준비했다. 그는 방어체계가 견고한 동부 지역보다 상대적으로 수비가 허술한 서북 지역을 공략해 금나라의 중도中都(지금의 베이징)를 점령할 계획을 세웠다. 이에 우선 금나라의 속국이었던 서하西夏를 수차례 공격해 굴복시켰다.

1211년 가을에 몽골은 금나라와 야호령野狐嶺에서 결전을 벌였다. 금나라의 완안승유完顏承裕 장군이 이끄는 30만 대군을 물리친 몽골은 여세를 몰아 금나라 정예기병을 섬멸하고 선발부대가 중도에 도착했다. 그러나 수차례 공격에도 중도는 쉽게 함락되지 않았다.

결국 일단 후퇴한 후에 중도를 포위하고 지원군을 공격해 중도로 유입되는 식량과 병력을 차단했다. 칭기즈칸은 중도를 포위 공격하는 동시에 요동을 공격했다. 1215년에 중도유수 완안승휘完顏承暉가 음독자살하면서 몽골은 마침내 중도를 수중에 넣었다.

그러나 1227년 4월에 서하의 군대와 연합해 금나라를 공격하던 중 칭기즈칸이 병으로 세상을 떠났다. 그는 금나라와 원수지간인 송나라를 회유해 금나라를 멸망시키라는 유언을 남긴 후 숨을 거두었다.

칭기즈칸의 뒤를 이어 그의 셋째 아들 오고타이가 왕위에 올랐다. 그는 칭기즈칸의 유언대로 1234년에 송나라 군대와 연합해 금나라를 대대적으로 공격했다. 결국, 금나라는 멸망하고 금나라 애종哀宗은 스스로 목숨을 끊었다.

몽골의 서정西征

몽골의 서정은 총 세 차례에 걸쳐 진행되었다. 1차 원정은 1217년부터 1223년까지 칭기즈칸의 주도로 이뤄졌으며, 2차 원정은 1234년부터 1241년까지 칭기즈칸의 손자 바투(칭기즈칸의 장남 주치의 둘째 아들)가 그 바통을 이어받아 유럽 정복 전쟁에 나섰다. 3차 원정은 1253년부터 1258년까지 칭기즈칸의 손자 훌라구(칭기즈칸의 4남 툴루이의 차남)에 의해 추진되었다.

50여 년에 걸친 서정을 통해 몽골은 방대한 대제국을 건설했다. 카스피 해 북부의 킵차크, 키르기스 초원과 알타이 산 일대를 아우르는 킵차크한국, 오브 강 상류에서 발하슈 호수 주변, 즉 옛 나이만족의 영토에 세워진 오고타이한국, 볼가 강 유역의 블라디미르, 모스크바, 키예프 등의 공국을 포함하는 차가타이한국, 메

칭기즈칸의 대규모 서정

소포타미아의 이란, 아프가니스탄, 시리아에 세워진 일한국 등 유라시아 대륙의 넓은 영토를 차지했다.

한편, 칭기즈칸이 유럽 원정 당시 사용했던 화약과 화기 등이 아랍을 통해 유럽까지 전파되면서 훗날 전쟁사에 큰 영향을 끼치게 되었다.

송宋나라의 멸망

몽골은 금나라를 멸망시킨 후 곧바로 남송을 공격했다. 2대 오고타이 황제 집권기부터 4대 몽케 황제 집권기까지 수차례 공격을 시도했지만 별다른 성과를 거두지 못했다. 결국, 5대 쿠빌라이가 즉위한 후 송나라를 완전히 멸망시켰다.

제4장

신구병기 혼용 시대의 전쟁

화약이 서양으로 전파되면서 유럽 기사의 상징인 철갑옷과 높게 쌓아 올린 성벽도 무용지물이 되어버렸다. 봉건 사상을 대체할 새로운 이념과 제도가 절실해지면서 일련의 개혁 사상을 담은 군사 저술들이 선보이기 시작했다. 화약 무기가 빠른 속도로 전파되긴 했지만, 구시대 무기를 완전히 대체하지는 못했으므로 신구병거의 혼용 시대가 이어졌다.

HISTORY OF WAR

스페인 전쟁

스페인은 15세기 말부터 17세기 중엽까지 유럽의 군사강국으로 군림했다. 육·해군 병력은 물론 군사 제도, 전략 전술 등에 있어서도 1세기 넘게 유럽 최고 수준을 자랑했다.

그라나다 수복

1479년에 이베리아 반도는 카스티야 왕국Reino de Castilla의 이사벨라 여왕Queen Isabella과 그의 부군인 아라곤 왕국Reino de Aragón의 페르난도Fernando 국왕이 함께 다스리고 있었다. 이사벨라 여왕은 이베리아 반도의 마지막 아랍 왕국 그라나다Granada를 되찾기 위해 군사 행동을 개시했다.

전쟁이 시작되자 병사들의 사기를 북돋우기 위해 직접 최전방에 모습을 드러내기도 했다. 1485년에는 자신의 금은 장식품을 모조리 팔아 그라나다의 요새 바사Baza를 함락시키는 데 필요한 자금을 마련했다. 이사벨라 여왕의 이러한 행위들은 병사들의 사기를 크게 진작시키는 효과를 가져왔다.

이사벨라 여왕이 또 하나 중시했던 점은 바로 후방지원부대의 관리였다. 군수물자를 운반하는 데 8만 마리의 말과 노새를 동원했으며 1488년에 바사를 포위 공격하는 동안 그녀가 직접 나서서 9만 명의 병참 인력을 진두지휘했다. 또한, 도로, 교량 보수 등을 전담하는 공병부대를 두고 야전통신부대를 창설해 정보 전달에 만전을 기했다.

특히 유럽 최초로 야전병원을 세워 병사들을 치료했다. 전쟁 중에 전염병이 유행하기도 했지만, 야전병원이 가동되면서 큰 피해 없이 넘어갈 수 있었다.

이사벨라 여왕의 초상. 그녀의 집권기에 스페인은 유럽 최고의 강대국으로 발돋움하게 된다.

스페인의 황금시대

1516년에 이사벨라 여왕과 페르난도 국왕의 외손자인 카를로스 1세Carlos I가 왕위를 계승했다. 그는 카스티야와 아르곤 왕국을 합병해 스페인으로 개명하고 일련의 군사 개혁을 실시했다.

대신들의 보고를 경청하는 이사벨라 여왕.

신병 훈련

스페인의 신병은 전쟁에 투입되기 전에 반드시 군대 교관이 지휘하는 군사 훈련에 참여해야 했다. 훈련을 마친 병사가 상비군에 배치되고 나면 군대는 다시 신병을 선발해 훈련에 돌입했다. 이러한 신병 훈련 제도는 훗날 유럽 각국에서 앞다투어 도입하기 시작했다.

'보병의 꽃' 테르시오Tercio

스페인의 방진은 약 3,000명의 보병으로 구성되어 있다. 스페인 방진Spanish square,

또는 '테르시오'로 불리는 이 전투 대형은 12개 '연^{連}대로 구성되었고, 연대별로 250명씩 배치되었다. 1545년에는 연대 안에 파이크병Pikeman(긴 창으로 무장한 보병) 부대와 화승총 전담부대를 별도로 두었다. 또한, 연대별로 상위上尉, 소위少尉, 사관士官 각 1명과 반장 10명을 두고, 상교上校가 테르시오 사령관을 담당했다. 그 밑으로는 소교少校, 부관副官 각 1명과 약간 명의 참모를 배정했다. 테르시오 사령관은 8명의 파이크병이 호위했다. 출전 시에는 13명의 목사가 함께 부대에 배정되어 병사들의 정신적 긴장감을 풀어주도록 했으며 내·외과 의사 각 1명과 약제사 1명으로 구성된 의료진도 동행했다. 테르시오는 몇 개의 종대로 구성되었는데, 처음엔 그 수량이 일정치 않았다가 후에 3개 종대로 통일되었다. 새로운 군사 편제가 완성된 후 스페인 보병부대에는 창과 방패, 미늘창 등이 사라지고 긴 창과 화승총이 그 자리를 대신했다. 테르시오는 '보병부대의 진수'를 보여주는 전투 대형으로 후에 프랑스 상비군의 편제 모델로 응용되었다.

스페인 국왕 카를로스 1세의 군사 개혁이 크게 성공하면서 서유럽 각국에도 큰 영향을 끼쳤다.

번영과 쇠퇴

화약의 등장으로 인류의 전쟁사는 획기적인 변화를 맞이했다. 특히 카를로스 1세는 휴대가 가능한 화약 무기 화승총을 보병부대에 도입함으로써 스페인은 막강한 상비군을 보유하게 되었다. 이러한 우세는 30년 전쟁이 발발하기 전까지 지속되었다.

또한 '무적함대'로 불렸던 스페인 해군은 투르크 함대를 대파하며 레판토 해전 Battle of Lepanto을 승리로 장식하기도 했다. 화약 무기를 장착한 스페인 군함은 해전의 새로운 역사를 써내려갔다. 이러한 해군의 우세는 '신항로 개척'과 '지리상의 발견'으로 이어져 방대한 아메리카 대륙을 식민지로 삼는 밑거름이 되었다. 그러나 지나친 자신감에 젖어 군대 쇄신을 게을리 한 탓이었을까? 스페인 무적함대는 네덜란드, 영국군에 차례로 패하며 해상패권을 이들에게 넘겨주지 않을 수 없었다.

HISTORY OF WAR

잉글랜드 전쟁

장미 전쟁

백년 전쟁이 끝난 후 잉글랜드는 헨리 6세Henry VI의 랭커스터Lancaster 가문과 공작 리처드의 요크York 가문 사이에 왕권쟁탈전이 격화되었다. 30년 동안 지속된 이 내전은 랭커스터 가문을 상징하는 붉은 장미와 요크 가문을 상징하는 흰 장미를 빗대어 '장미 전쟁'이라 불렸다.

우여곡절 끝에 요크 공작의 아들 에드워드Edward가 국왕의 자리에 올랐으나 1483년에 그가 죽자 요크 가문 내부에서 분열이 일어났다. 이 틈을 타서 1485년에 랭커스터 가문의 먼 친척뻘인 헨리 튜더Henry Tudor가 정권을 잡았다. 그가 바로 헨리 7세이다. 이로써 장미 전쟁은 막을 내리고 튜더 왕조가 잉글랜드를 통치하기 시작했다.

잉글랜드 해군 창설

헨리 7세와 헨리 8세의 집권기에 잉글랜드의 군사력이 크게 증

왕위계승권을 두고 랭커스터 가문과 요크 가문 사이에 벌어진 장미 전쟁은 향후 잉글랜드 정세에 큰 영향을 끼쳤다.

강되었다. 특히 해군이 창설되면서 향후 해상패권쟁탈전에 불이 붙게 되었다.

헨리 7세는 《항해법》을 복원시켜 항해업을 진작시키는 데 역점을 두었다. 총 6척의 함선을 건조하는 한편, 잉글랜드 사상 최초의 군함을 제작했다. 세계 최초의 범선帆船에 해당하는 이 군함은 중량이 1,500톤에 달하는 16세기 최대 함선으로 꼽힌다. 헨리 7세 시대에 이미 225개의 회전식 대포를 장착한 범선이 등장하는 등 잉글랜드 해군 군함은 막강한 화력을 자랑했다. 헨리 7세는 해상 탐험을 적극 지원했다. 1497년에는 그가 후원한 베네치아 출신의 존 캐벗John Cabot이란 탐험가가 뉴펀들랜드Newfoundland를 발견했다. 헨리 7세는 그에게 해군 상장上將의 직함을 부여했다.

헨리 7세의 아들 헨리 8세는 해군 정비에 역점을 기울였다. 스피드가 뛰어난 신형 전함을 제작하도록 하는 한편, 전장식前裝式 대포를 장착해 화력을 강화하고 전투 군인을 탑승시켰다. 또한, 해군 전용 도크Dock(선박의 건조나 수리 또는 짐을 싣고 부리기 위한 설비)를 여러 개 축조했다. 이로써 잉글랜드 해군은 대외 정복을 감행할 수 있는 토대를 마련했다.

해상권 쟁탈

'지리상의 발견'을 시작으로 유럽 열강은 해상권의 중요성을 절실하게 체감했다. 16세기 후반으로 접어들면서 잉글랜드는 스페인과 치열한 해상권 쟁탈전에 돌입하게 된다.

잉글랜드와 스페인의 해상권 쟁탈전은 잉글랜드가 스페인의 식민지 네덜란드의 혁명을 지원하면서 본격화되었다. 또한, 당시 잉글랜드는 해군보다 홉킨스Hopkins, 드레이크Drake, 캐번디시Cavendish 등 악명 높은 해적들로 유명했다. 엘리자베스 여왕은 이들의 약탈 행위를 저지하기는커녕 오

헨리 7세 부부(아래)와 헨리 8세 부부(위). 헨리 7세와 헨리 8세의 노력으로 잉글랜드는 막강한 전투력을 지닌 해군을 보유하게 되었다.

스페인 무적함대의 전멸. 1588년 8월 잉글랜드와 해상패권을 두고 잉글랜드 해협에서 벌인 전쟁에서 대패한 후 스페인의 국력은 급격히 쇠퇴했다. 잉글랜드는 새로운 해상강국으로 떠올랐다.

히려 종용하고 있었다. 심지어 스페인 선박을 강탈한 네덜란드 해적들이 잉글랜드로 도주할 수 있도록 내버려두기까지했다. 스페인은 먼 식민지에서 고생스럽게 가져온 금은보화를 문전에서 잉글랜드 해적들에게 빼앗기는 꼴이 되었기에 그 분노가 이루 말할 수 없었다. 결국, 스페인은 잉글랜드와 전쟁을 선포했다.

1588년 7월에 스페인의 무적함대가 잉글랜드 해협에 도달했다. 잉글랜드 함대는 플리머스Plymouth 항에 집결해 무적함대가 나타나기를 기다렸다. 플리머스 수역에 진입한 스페인 함대는 초승달 모양으로 전투 대형을 갖추고 교전을 준비했다. 그러나 잉글랜드 함대는 교전에 응하지 않고 오히려 달아나기 바빴다. 그리고 다음 날 동이 틀 무렵, 잉글랜드 함대는 스페인 함대를 기습해 대승을 거두었다. 그 후 벌어진 몇 차례 전투에서도 스페인 함대는 고전을 면치 못했다. 대포의 사정거리가 짧아 명중률이 떨어졌을 뿐 아니라 지휘관의 판단 착오가 겹쳐 결국 참패했다.

무적함대의 패배로 스페인의 해상패권은 동요되기 시작했으며, 잉글랜드는 '해가 지지 않는 나라'의 신화를 이룩하기 위한 첫발을 내딛게 되었다.

HISTORY OF WAR

네덜란드 전쟁

독립 전쟁

1572년 4월에 '북부 네덜란드'가 스페인에 반기를 들면서 네덜란드 독립 전쟁이 시작되었다. 칼뱅주의자들로 이루어진 네덜란드의 비정규 육해군유격대 '괴젠Geuzen('거지들'이란 뜻)'이 스페인 군을 물리치는 활약 속에 1580년에 드디어 네덜란드 공화정이 수립되었다.

그러나 네덜란드 독립 전쟁을 주도했던 윌리엄 1세(빌렘 1세)가 1584년에 암살당하자 당시 열일곱 살이었던 그의 아들 마우리츠Maurits가 그 자리를 계승했다.

마우리츠의 군사 개혁

마우리츠는 21세의 젊은 나이에 네덜란드 2대 총독이 되었다. 군사 분야에 천재적인 재능을 보였던 그는 참신한 전략 전술을 선보이며 유럽

테르모필레 전투Battle of Thermopylae에 참전하는 스파르타 정예병사 300명.

전쟁사에 지대한 영향을 끼쳤다.

그는 우선, 스페인의 통치에 반대하는 군인들로 상비군을 구성하고 '마우리츠 대형'이라 불리는 혁신적인 보병 전투 대형을 고안했다. 선형線形 전투 대형의 효시가 된 이 대형은 민첩성과 전투력을 크게 보강할 수 있었다. 마우리츠는 유독가스, 폭탄과 같은 특수 무기 제작과 군용지도 제작에도 큰 관심을 보였으며 망원경을 이용해 적의 동태를 관찰하는 등 시대를 앞선 군사 지략을 선보였다.

그의 수중에 있는 병사는 1만 명도 채 되지 않았지만, 체계적인 군사 훈련을 받아 남다른 전투력을 보유하고 있었다. 전투력이 크게 향상되었다. 이에 마우리츠의 군대는 가는 곳마다 승리를 거둘 수 있었다.

국제법의 토대 마련

네덜란드의 법학자 그로티우스Grotius, Hugo는 군주와 시민의 관계를 자연법의 시각에서 해석한 인물로 유명하다. 그는 인간은 물론 인간의 사유재산까지 존중하는 인도주의 원칙에 따라 전쟁과 전쟁 포로 문제를 처리해야 한다고 주장했다. 즉 전쟁도 법률적 차원에서 다뤄야 한다고 보았다.

그는 프랑스 망명 기간 동안 집필해 출간한《전쟁과 평화의 법De Jure Belli ac Pacis》에서 국가도 한 개인과 같이 책임과 법률의 구속을 받아야 한다고 주장했다. 만약 권위 있는 중재기구가 없는 상황에서 한 국가가 상대국에 부당한 대우를 당했다면 그 국가는 무력을 동원해 그들의 권리와 자산을 보호할 수 있다. 더 나아가 상대국의 부당행위를 응징하는 행동을 취할 수도 있는 것이다. 이 저서는 국제법의 기준을 제시했을 뿐만 아니라 전쟁과 관련된 법안의 토대를 마련했다는 평가를 받고 있다.

다운스 해전

17세기 초에 네덜란드는 이미 수많은 선박이 해상을 누빌 만큼 세계적인 무역국으로 성장했다. 당시의 해상강국 스페인으로서는 이러한 사실이 달가울리 없었다. 양국 간 갈등이 격화되면서 1639년 10월에 결국 스페인 함대 70여 척과 네덜란드 함대 100여 척이 다운스 해역에서 충돌했다. 네덜란드는 함대를 6대대로 편성하고 선박 11척에 불을 붙여 스페인 함대로 진격했다. 예상치 못한 화공으로 스페인 함대 대부분이 전소했으며 겨우 12척만 스페인으로 돌아왔다. 이 전투에서 스페인은 해군 병사 7,000명이 사망하고 1,000여 명이 포로로 잡혔다. 반

1622년 네덜란드 북부 주 가운데 하나인 홀란트Holland가 범선과 군함을 동원해 스페인령 네덜란드(지금의 벨기에)의 스페인 군대 거점을 공격하고 있다.

면 네덜란드는 배 한 척과 500명의 병사만 희생되는 데 그쳤다. 다운스 해전에서 참패한 스페인의 무적함대는 더는 재기가 불가능해졌다.

스페인은 해상강국으로서의 위상에 큰 타격을 입게 된 반면, 네덜란드는 해상의 신흥강자로 급부상하게 되었다.

HISTORY OF WAR

프랑스 전쟁

프랑스는 샤를 8세, 루이 12세, 프랑수아 1세의 노력에 힘입어 근대 유럽 국가 가운데 가장 우수한 포병부대를 보유했다. 이처럼 막강한 화력을 바탕으로 프랑스는 이탈리아 원정에 나서게 되었다.

포병砲兵의 등장과 발전

1445년에 영국과 프랑스의 백년 전쟁이 치열하게 벌어지고 있을 무렵, 프랑스 샤를 7세는 유럽 최초로 16개 연대 총 9,000여 명으로 구성된 왕실상비군을 창설했다. 그가 육성한 공성攻城포병부대는 1년도 채 안 되어 영국에 빼앗겼던 수많은 요새와 성곽을 되찾아 올 만큼의 막강한 화력을 뽐냈다. 그의 뒤를 이어 왕위에 오른 루이 11세는 상비군과 포병부대를 이끌고 대외 정복을 시작했다.

샤를 8세는 왕위에 오른 후, 대포의 화력을 개선하는 데 힘썼다. 여기에 바퀴가 달린 지지대를 장착해 기동성을 높였다. 또한, 대포의 구경口徑을 통일해 가벼운 대

'거미 왕'으로 불렸던 루이 11세. 활발한 대외 확장 정책을 추진해 영국의 영토를 크게 넓혔다.

포는 야전野戰에 사용하도록 했다. 포병부대의 막강 화력을 바탕으로 샤를 8세는 이탈리아 원정을 감행했다.

1494년에 오를레앙 공작의 나폴리 공격을 시작으로 포병, 기병으로 이뤄진 프랑스 군대는 이탈리아의 요새와 성곽을 차례로 정복했다. 특히 포르노보 전투Battle of Fornovo에서 프랑스 포병의 위력이 더욱 빛이 났다. 그들이 한 시간 동안 퍼부은 포화는 이탈리아 군대가 하루 종일 발포해도 미치지 못할 수준이었다고 한다.

지속적인 혁신

샤를 8세의 뒤를 이은 루이 12세와 프랑수아 1세도 포병부대 개혁에 앞장섰다. 특히 야전용 대포의 성능과 사정거리를 개선한 결과 측면 공격이 더욱 유리해졌다. 프랑수아 1세는 포병 사령관이 지휘하는 특수부대를 창설했다.

프랑스는 1519년 9월에 이탈리아 북부 마리그나노Marignano에서 스위스와 격전을 벌였다. 이 전투는 구시대 병기와 신식 화약 무기의 대결의 장이었다고 볼 수 있다. 강력한 화약 무기로 무장한 프랑스 군은 1세기 동안 유럽을 지배했던 스위스의 파이크병 부대를 대파하며 프랑스 포병부대의 위력을 유럽 전역에 알렸다.

샤를 8세는 '거미 왕' 루이 11세의 독자로 앙부아즈 성에서 태어났다. 포병부대를 대대적으로 개혁하고 수차례 이탈리아 원정을 감행했다.

HISTORY OF WAR

러시아의 대외 원정

러시아의 일개 소국이었던 모스크바 공국은 과감한 대외 원정을 통해 방대한 영토를 차지한 러시아 대제국으로 거듭났다.

몽골의 통치에서 벗어나다

러시아 공국은 이반 3세Ivan III 집권기에 이르러 200년 동안 지속되었던 몽골 제국의 통치에서 벗어났다. 몽골의 각 한국이 갈등을 빚으며 혼란한 틈을 이용해 이반 3세는 킵차크한국에 바치던 조공을 슬그머니 중단했다. 이에 화가 난 킵차크의 아메드 칸이 1472년에 20만 대군을 이끌고 모스크바 공국을 공격하기에 이르렀다. 이반 3세는 오카 강Oka River 유역에 방어진을 구축하고 철통 같은 수비 태세를 갖추었다. 공격이 여의치 않자 아메드 칸은 결국 진격을 포기하고 되돌아갔다.

1480년에 모스크바 공국은 내우외환內憂外患에 시달렸다. 대외적으로는 킵차크 아메드 칸이 폴란드와 연합해 다시 모스크바 공국을 공격해왔다. 이반 3세는 크리미아와 연합해 우그라 강에서 방어진을 구축하고 반격에 나섰다. 그러나 몽골군이 코앞까지 밀어닥치자 그는 자신의 20만 대군을 버리고 홀로 도주하고 말았다. 우여곡절 끝에 다시 전방으로 돌아오긴 했지만, 군주가 이미 포기한 전투였기에 참패로 끝나는 것이 당연한 결과일 수밖에 없었다. 다행히 크리미아가 폴란드 남부를 침입했단 소식이 전해지면서 폴란드 군이 본국으로 철수해야 하는 상황이 발생했다. 또한 추운 겨울이 임박하면서 몽골 군도 전쟁을 포기하고 되돌아갈 수밖에 없었다. 아메드 칸은 몽골로 돌아오던 중 노브고로트인에 의해 죽임을 당했다. 이처럼 예기치 못한 상황이 연이어 발생하면서 이반 3세는 몽골의 통치에서 벗어나게 되었으며 모스크바 공국은 마침내 독립을 이룩할 수 있었다.

이반 3세. 그의 집권기에 모스크바 공국은 200년 동안 지속되었던 몽골 제국의 통치에서 벗어났다.

이반 3세의 대외 확장

몽골의 통치에서 벗어난 후 이반 3세는 자신의 상비군을 창설하는 등 중앙집권을 강화했다. 모스크바 공국의 내정이 안정되었다고 생각할 무렵 그는 상비군을 이끌고 대외 원정에 나서기 시작했다. 1487년부터 1494년에 걸쳐 리투아니아 국경 일대의 도시를 정복했으며 1500년부터 3년 동안 리투아니아를 동유럽 평원 서북 지방으로 밀어내고 드넓은 영토를 차지했다.

또한, 그는 러시아 역사상 최초로 발트 해 진출에 성공한 군주였다. 1481년에 리보니아로 세 차례 출정한 끝에 리보니아 기사단과 강화조약을 체결하며 발트 해 연안까지 세력을 확장했다.

1483년에는 동쪽 지방으로 원정을 감행해 우랄 산맥에서 토볼 강Tobol River, 이르티시 강Irtysh River, 오브 강에 이르는 방대한 영토를 차지했다. 이로써 아시아로 통하는 길이 열리게 되었으며, 이는 훗날 제정러시아가 아시아를 침략하는 통로가 되었다.

바실리 3세의 대외 확장

이반 3세의 뒤를 이어 왕위에 오른 바실리 3세Vasily III는 부친의 대외 확장 정책을 계승해 20여 년에 걸쳐 대외 원정에 나섰다. 특히 리투아니아와 20년간 벌인 전쟁에서 대승을 거둠으로써 모스크바 공국을 완벽하게 통일한 인물로 평가받고 있다.

1514년에 리투아니아를 포위 공격해 스몰렌스크Smolensk를 되찾았다. 스몰렌스크는 전략적으로 매우 중요한 군사요충지였다. 바실리 3세 집권기에, 카잔한국이 모스크바 공국을 공격했으나 바실리 3세는 이를 잘 막아냈다.

이반 4세의 군사 개혁과 대외 확장

바실리 3세의 뒤를 이어 왕위에 오른 이반 4세Ivan IV는 러시아 최초로 차르가 된 인물이다. 17세에 친정親政을 실시했으며 19세부터 군사 개혁을 추진했다.

특히 그는 대포의 화력에 매료되어 포병을 집중적으로 양성했다. 포병부대는 '공성포병'과 '야전포병'으로 구분해 엄격한 훈련을 실시했다. 군사 개혁이 어느 정도 성공을 거두자 이반 4세는 마침내 대대적인 대외 원정을 시작했다.

16세기 중반에 그는 카잔한국과 아스트라한한국을 정복하면서 볼가 강 유역 일대를 차지했다.

또한, 해상 진출의 거점을 확보하기 위해 리보니아Livonia를 공격했다. 이 전쟁은 25년 동안 계속 되었지만, 스웨덴, 폴란드 등의 간섭 때문에 패배로 끝이 났으며 오히려 방대한 영토마저 빼앗기고 말았다.

그러나 코카서스, 중앙아시아, 시베리아 일대를 러시아 영토에 포함 시키며 훗날 러시아의 대외 원정에 교두보를 마련했다.

새로운 군사 전술과 군사 서적의 등장

화약 무기가 등장하면서 러시아의 전술에도 변화의 바람이 불었다. 기존보다 적은 병력을 광범위한 전장에 투입할 수 있게 되었기 때문이었다. 7세기 초부터 러시아는 '선형 전투 대형'을 선보였다. 일렬횡대의 이러한 전투 대형은 화약 무기의 우수성을 최대한 발휘할 수 있었다. 1605년에 발발한 폴란드-러시아 전쟁에서 러시아 군은 이 전투 대형을 도입해 드브리니치

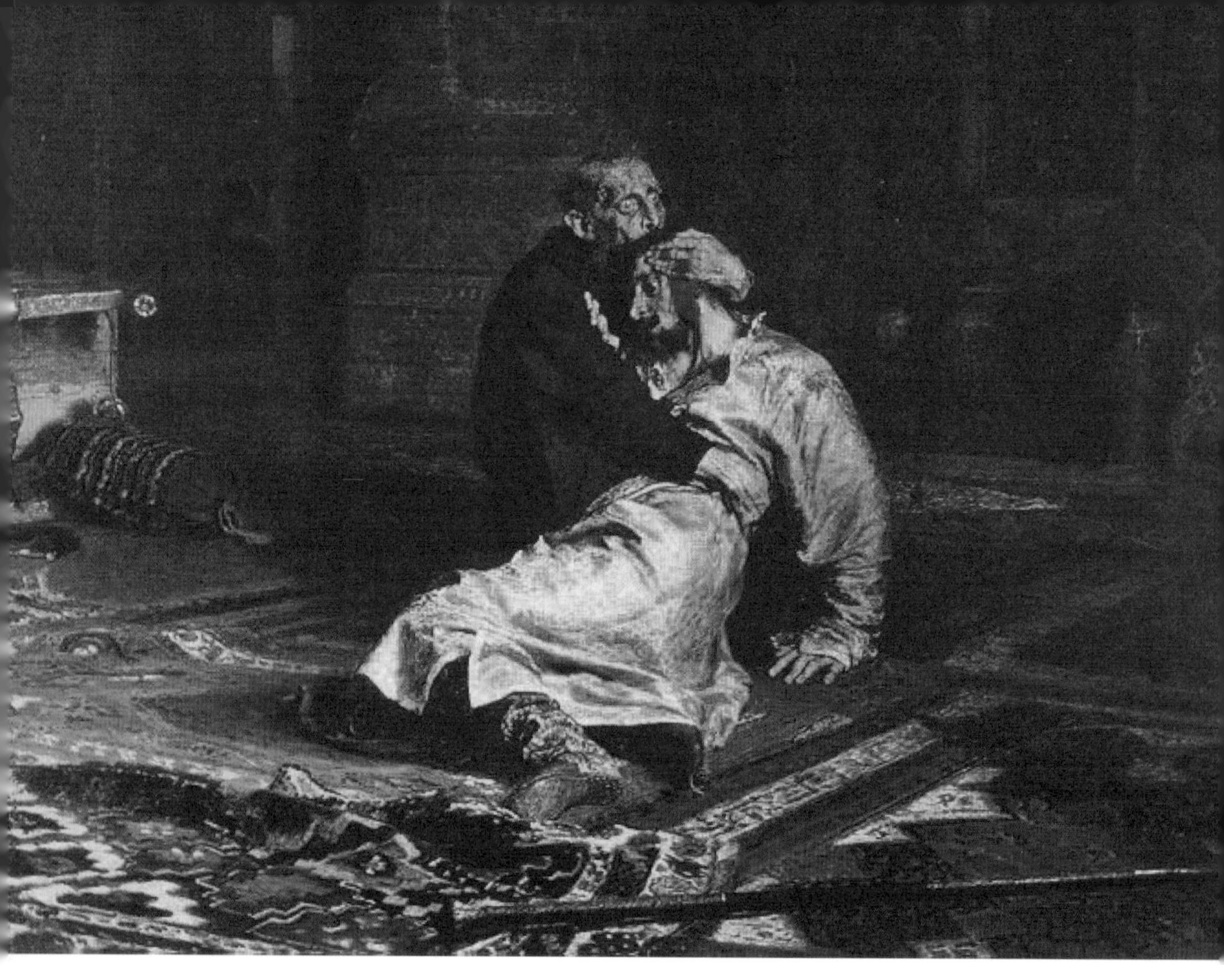

난폭한 성격 탓에 아들을 죽이고 슬퍼하는 이반 4세의 모습.

Dobrynichi 전투에서 대승을 거두었다. 1만여 개의 화승총을 동시 사격함으로써 적군을 일순간에 섬멸할 수 있었던 것이다.

16세기 초부터 러시아에 당시의 전쟁 경험과 뛰어난 실전 전술을 소개한 군사 서적이 등장하기 시작했다. 이는 군사 이론이 하나의 전문분야로 발전하는 계기가 되었다.

HISTORY OF WAR

30년 전쟁

1618년부터 1648년까지 유럽 전역을 휩쓴 30년 전쟁은 유럽 각국이 군사력, 무기, 군사 기술 등의 분야에서 치열한 경합을 벌인 장이었다. 전쟁의 주무대는 독일이었지만 그 영향은 유럽 전체에 미쳤다. 30년 전쟁을 통해 등장한 구스타프Gustav, 발렌슈타인Wallenstein, 틸리Tilly 등의 명장들은 군사의 새 역사를 써내려갔으며 유럽의 군사강국 스페인은 그 패권을 완전히 상실했다.

전쟁의 서막

1618년, 보헤미아의 기독교 개혁자들이 반란을 일으켜 가톨릭 신자였던 페르디난트Ferdinand 국왕의 왕궁에 침입했다. 이들은 국왕의 대신 두 명을 창밖으로 내던져 분노를 표출했는데 이 사건으로 인해 30년 전쟁이 발발하게 되었다. 보헤미아는 투른Thurn 백작의 주도 하에 임시정부를 구성하고 군대를 편성함으로써 30년 전쟁의 시작을 알렸다.

30년 전쟁의 도화선이 된 보헤미아(체코)의 '대신大臣 투척 사건'

빌라 호라Bílá hora 전투(백산 전투白山 戰鬪)

1619년에 신성로마제국의 황제로 선출된 페르디난트 2세Ferdinand II는 보헤미아의 프리드리히 국왕을 폐위시키려 했다. 1618년에 기독교 중심의 보헤미아 의회의 강요로 왕위에서 물러났었기 때문이다. 1620년, 왕위를 포기하라는 페르디난트 2세의 명을 프리드리히 국왕이 거부하면서 사실상 전쟁이 시작되었다. 자신의 군대가 없었던 페르디난트 2세는 바이에른 공작 막시밀리안Maximilian에게 도움을 요청했다. 신성로마제국의 제후국 가운데 막시밀리안만이 군대를 보유하고 있었기 때문이었다. 막시밀리안은 페르디난트 2세의 요구를 수락했다.

1620년에 막시밀리안, 틸리, 보방Vauban 등이 2만 5,000명에 달하는 가톨릭 동맹군을 이끌고 오스트리아로 진격했다. 스페인의 스피놀라Spinola 장군은 플랜더스에서 팔츠pfalz(프리드리히가 선제후로 있던 지방)로 진격해 마인츠Mainz 등의 도시를 점령했다.

발렌슈타인의 공격으로 덴마크는 30년 전쟁에서 발을 뺄 수밖에 없었다.

보헤미아에 도착한 막시밀리안, 틸리의 군대는 현지의 신성로마제국 군대와 합류해 빌라 호라Weißerberg(독일어로는 바이센베르크)에서 프리드리히의 군대와 격돌했다. 프리드리히는 이 전투에서 참패해 브레슬라우로 도주했으나 프리드리히의 추종자 만스펠트가 팔츠에서 용병을 모집해 반격에 나섰다. 그는 라인 강 일대에서 약탈로 자금을 해결했다. 30년 전쟁 시기에는 평민들을 대상으로 한 약탈행위가 기승을 부렸는데 아마도 만스펠트에서 시작된 것으로 짐작된다.

전쟁의 규모 확대

페르디난트 2세는 전쟁이 끝나면 막시밀리안에게 팔츠의 선제후選帝侯(신성로마제국 황제를 선출하는 선거인단) 자리와 영토를 주겠다고 약속했다. 그러나

발렌슈타인 초상. 1625년 신성로마제국 군대의 총사령관이 되어 유럽 각국의 반란을 진압했다. 그러나 이들 군대는 가는 곳마다 약탈을 일삼아 '메뚜기 떼'라는 오명을 얻게 되었다.

이 결정은 개신교 신자들의 강한 반대에 부딪히게 되었으며 결국 프랑스, 덴마크, 네덜란드, 잉글랜드 등을 전쟁에 끌어들이는 결과를 낳았다.

프랑스가 스페인과 신성로마제국의 통로를 차단한 데 이어 덴마크까지 개입하자 페르디난트 2세를 중심으로 한 가톨릭 진영은 궁지에 몰리게 되었다. 페르디난트 2세는 다시 외부에 원조를 요청하지 않을 수 없었다. 결국, 보헤미아의 귀족 발렌슈타인을 끌어들임으로써 전쟁은 유럽 전체로 확대되었다.

덴마크의 패배

1625년 여름, 덴마크의 국왕 크리스티안 4세가 신성로마제국을 공격했다. 발렌슈타인은 틸리와 연합해 덴마크 군대와 결전을 벌인 끝에 승리를 거뒀다.

이때부터 발렌슈타인의 군대는 가는 곳마다 승리를 거두어 유럽에서는 더 이상 적수가 없을 정도였다. 이들 군대는 가는 곳마다 약탈을 일삼아 '메뚜기 떼'라는 오명을 얻었다. 신성로마제국의 제후들 역시 발렌슈타인의 세력이 커가는 데 우려를 표명하며 그를 경계하기 시작했고 이미 꼭두각시로 전락한 페르디난트 2세는 불안에 떨지 않을 수 없었다.

스웨덴의 구스타프 2세 국왕. 나폴레옹은 구스타프 2세 국왕이 알렉산드로스 대왕, 한니발, 카이사르에 견줄 만큼 군사적인 재능이 뛰어난 인물이라고 평가했다.

구스타프 2세의 등장

페르디난트 2세가 발렌슈타인의 병권을 빼앗기 위해 골머리를 앓고 있을 때 스웨덴의 구스타프 2세 국왕은 포메른에 상륙해 보헤미아 거점을 확보했다. 구스타프 2세가 참전함으로써 전쟁의 양상에도 큰 변화가 생겼다.

구스타프 2세는 전장에서의 기동성을 특히 중시했으며 엄격한 군율로 병사들을 통제하고 이 군율을 바탕으로 확고한 지휘체계를 확립했다. 그는 군율을 비롯해 군대 편제編制, 무기 등 군사 전반에 개혁을 추진해 큰 성공을 거두었다.

브라이텐펠트 전투 – 신구전술의 첫 번째 맞대결

1630년 8월, 페르디난트 2세는 발렌슈타인의 병권을 회수해 이를 틸리 장군과 막시밀리안에게 부여했다. 틸리의 병력은 7만명의 규모로 알려졌다. 구스타프 2세에게는 그를 믿고 따르는 수많은 게르만 병사들이 있었다. 여기에 프랑스의 원조까지 받아 병력을 크게 보강했다.

1631년 5월, 틸리 장군이 마그데부르크Magdeburg를 점령하고 방화와 약탈을 일삼자 개신교 연맹의 분노가 극에 달했다. 그런데 당시 갑작스럽게 전염병이 돌면서 구스타프 2세의 군대는 병력이 크게 약화되었다. 구스타프 2세의 부대가 엘베 강 유역 일대에서 수비에만 치중하고 있다는 소식이 들려오자 틸리 장군은 이곳을 공격했다. 그러나 오히려 2만의 병력 가운데 6,000명을 잃고 말았다. 양군은 브라이텐펠트Breitenfeld에서 다시 격돌했는데, 이 전투는 30년 전쟁의 성패를 가르는 분기점分岐點이 되었다.

신성로마제국군의 틸리 장군. 가톨릭교의 추기경이었으며 발렌슈타인이 지휘하는 30년 전쟁에 참전했다.

스웨덴은 작센과 연합해 새로운 선형 전술을 선보이며 틸리의 부대를 공격했다. 그 결과 틸리의 부대는 또 다시 3,000명의 사상자가 발생했고 모든 대포는 파괴되었다. 틸리 역시 중상을 입어 결국 스웨덴에 대패했다.

틸리는 기병, 보병, 포병 등으로 전통적인 스페인 방진을 구성해 출전했다. 그러나 구스타프 2세가 네덜란드의 마우리츠 모델을 발전시켜 고안한 '선형횡렬전투대형' 전술에 완패하고 말았다. 이 전투를 통해 '선형횡대'의 우수성이 입증된 셈이다. 스페인 군대의 전통적인 군대 편제 방식과 전술이 구시대 유물로 전락했으며, 구스타프는 '현대전의 아버지'로 위상을 떨치게 되었다.

그러나 후에 벌어진 뤼첸Lützen 전투에서 구스타프 2세는 총상을 입고 사망했다. 뤼첸 전투는 스웨덴의 승리로 끝났지만, 구스타프 2세가 전사함으로써 그들은 군대를 이끌어줄 중심인물을 잃어버리고 말았다. 결국, 스웨덴 군대는 뇌르틀링겐N⊠rdlingen 전투에서 패배했고 이로써 30년 전쟁은 막을 내렸다.

열강의 참전

스웨덴 군대가 신성로마제국이 주도하는 가톨릭 연합군에 패배한 뒤부터 전쟁의 본질이 변질되기 시작했다. 본래는 신·구교 간의 종교 갈등에서 빚어진 전쟁이었지만 스웨덴 군대가 패배하고 난 후, 가톨릭국가이면서도 개신교 편에 섰던 프랑스의 존재가 전면 부각되면서 엉뚱한 방향으로 전개되었다. 즉, 프랑스 부르봉Bourbon 왕조와 신성로마제국(오스트리아), 스페인의 합스부르크Habsburg 왕조의 이권쟁탈전으로 발전하게 된 것이다. 여기에 이탈리아, 스위스, 덴마크, 네덜란드까지 전쟁에 개입하게 된 것이다.

1643년에 프랑스 루이 13세는 임종 직전 앙갱Enghien 공작을 프랑스 동북 총사령관으로 임명했다. 스물두 살 혈기 왕성했던 앙갱 공작은 로크루아Rocroi 전투에서 스페인 군을 섬멸하고 대승을 거뒀다.

프랑스 군은 스웨덴 군이 사용했던 새로운 전술 대형을 도입해 스페인 보병의 꽃이라 불리던 '테르시오'를 철저히 무너뜨렸다.

전쟁 종결

30년 전쟁의 핵심에 있던 페르디난트 2세, 구스타프 2세, 루이 13세, 리슐리외 등이 차례로 사망하면서 전쟁은 막바지로 치달았다. 1648년에 신성로마제국이 프랑스, 스웨덴 등의 국가와 '베스트팔렌조약Peace of Westphalia'을 체결함으로써 30년 전쟁은 막을 내렸다.

신성로마제국은 그 입지가 크게 약화 된 반면, 유럽 각국은 주권을 확립하며 새로운 발전의 계기를 마련했다. 또한, 국제법 탄생에 유리한 여건이 형성되었다.

30년 전쟁은 군사 이론과 기술 발전을 촉진하는 역할을 했는데 다음과 같이 요약해 볼 수 있다. 첫째, 활강총滑降銃(강선腔線이 없이 매끄러운 총강銃腔을 지닌 총)의 성능이 크게 개선되어 전장에 대량 투입이 가능해졌다. 둘째, 대포의 규격이 통일되고 포병이 독립된 병종으로 분류되어 전투에서 그 기량을 맘껏 발휘할 수 있었다. 셋째, 전통적인 방진 대형의 취약점이 드러나며 이는 구시대의 유물로 사라지게 되었으며 새로운 선형전투대형이 선보였다. 넷째, 유럽 국가 가운데 징병제를 실시해 상비군을 창설하는 나라가 생겨났다.

HISTORY OF WAR

오스만 제국

오스만 제국은 세계사의 한 페이지를 장식한 군사 왕국이다. 15세기 중엽부터 활발한 대외 원정에 나섰으며 150여 년 동안 그 명맥을 유지했다. 군사 왕국으로서의 전성기는 메메드 2세Mehmed II, 무하마드 2세 집권기부터 시작되었다.

'정복자'

'메메드'는 터키어로 '정복자'란 뜻이다. 메메드 2세는 1451년에 오스만 제국의 왕위에 오른 후부터 '정복자'로서 그의 인생을 시작했다. 군대양성을 매우 중시했던 그는 그 자신이 포병 기술을 익힐 정도로 포병의 역할을 강조했다. 콘스탄티노플 점령 당시 그의 포병부대는 이런 기대를 저버리지 않고 큰 활약을 펼쳤다. 그의 독특한 군대 통치 방식은 터어키 군대의 특색이 최대한 드러내도록 힘을 발휘했다.

메메드 2세가 터어키 군대를 이끌고 콘스탄티노플을 공격하고 있다.

콘스탄티노플 함락

'정복자'로서 메메드 2세의 최대 목표는 콘스탄티노플을 점령하는 것이었다.

1452년에 시작해 1453년 5월에 끝난 이 정복 전쟁에서 메메드 2세는 마침내 콘스탄티노플을 함락시켰다. 한바탕 약탈과 방화가 휩쓸고 지나간 후, 콘스탄티노플은 오스만 제국의 수도 '이스탄불'로 재탄생했다.

쉴레이만 대제

쉴레이만 1세Süleyman I는 오스만 제국의 가장 위대한 제왕으로 '쉴레이만 대제'로 불린다.

46년의 재위기간 동안 수십 차례 대외 원정에 나섰던 그는 25~30만에 달하는 병력을 보유하고 있었다. 정규상비군 5만, 기병 13만, 그리고 각종 명목의 비정규군을 합한 수치로 당시로서는 천문학적인 숫자였다. 쉴레이만 1세는 원정에 나갈 때마다 최소 10만의 병력과 수백 개의 대포를 동원하는 등 수적 우세를 앞세워 적을 압도했던 것이다. 그는 공격 거점을 확보하고 이를 확실히 지키는 단순한 전략을 사용했지만 수십만 병력을 한 치의 흐트러짐 없이 이동시킬 만큼 지휘능력이 뛰어났다.

오스만 제국의 쇠락

1566년에 쉴레이만 1세가 72세를 일기로 세상을 떠나고 셀림 2세Selim II가 왕위에 올랐다. 1569년에 베네치아의 무기 공장이 폭발해 군함이 모두 전소하는 사건이 발생했다(실제 전소된 군함은 4척에 불과했다). 베네치아를 동부 지중해로부터 몰아낼 호기가 찾아왔다고 여긴 셀림 2세는 키프로스 섬을 오스만 제국에 바치도록 베네치아에 요구했다. 베네치아가 이를 거절하자 그는 기다렸다는 듯 바로 공격을 시작했다. 1570년에 전함 150척과 병력호송선 50여 척을 거느린 셀림 2세의 군대가 키프로스 섬으로 진격했다. 베네치아는 스페인과 연합해 이에 맞섰다. 그러나 수적으로나 전투력에서 모두 오스만 제국을 당해낼 수 없었다. 결국, 키프로스는 오스만 제국의 수중으로 넘어갔다.

쉴레이만 대제. '눈앞에 보이는 모든 것을 공격하고 파괴해 전멸시켜라.'라는 명언을 남긴 그는 오스만 제국의 가장 위대한 제왕으로 꼽힌다.

1571년 9월, 베네치아는 다시 스페인 등 기독교 국가들과 연합함대를 구성해 메시나에 집결했다. 1571년 10월, 연합함대는 레판토Lepanto 파트레 만에 정박해 있는 오스만 제국의 함대를 발견했다. 오스만 제국의 함대는 파트레 만의 북안에서 남안까지 초승달 모양으로 진을 구축했다. 교전이 시작되자 연합함대는 오스만 제국 함대의 우측 진영부터 공격을 퍼부었다. 우측 함대가 전멸해 오스만 군이 혼란 속에서 허둥댈 무렵, 연합함대는 중앙의 주력부대를 공격해 전멸시켰다.

레판토 전투는 오스만 군의 무패 신화가 무너진 전투이다. 또한, 노를 젓는 선박이 이 전투를 계기로 자취를 감추었다.

이때부터 오스만 제국은 쇠퇴일로를 걷게 되었다.

HISTORY OF WAR

명나라의 전쟁

위소衛所와 군호軍戶 제도

명나라를 세운 주원장朱元璋은 전국에 '위', '소' 단위로 군대를 주둔시키고 농병일치의 둔전屯田(변경이나 군사 요지에 주둔한 군대의 군량을 마련하기 위해 설치한 토지) 제도를 결합한 군제를 실시했다. 명나라 조정에서는 군대 양성을 위한 어떤 부담도 지지 않았으므로 황제를 호위하는 경사京師의 위소를 제외한 나머지 위소는 모두 둔전을 일구며 자급자족해야 했다.

원나라의 군호 제도를 세습한 명나라는 부병제府兵制, 세병제世兵制 등 전대의 제도를 바탕으로 군·민 분리 제도를 실시했다. 군인이 있는 가호는 군호로 분리되었고 군호는 세습되었다. 따라서 명나라 군제의 특징은 '직업군인의 세습제'로 볼 수 있다.

신기영神機營

명나라 시대에는 화약 무기가 보편적으로 사용되었다. 영락永樂 연간에

명나라 태조 주원장의 초상

교지국交趾國(지금의 베트남)과의 전투에서 화약 무기를 얻은 후부터 화포와 총포로 무장한 '신기영'을 창설하게 되었다.

성조成祖의 북벌 정책

주원장의 아들 주체가 조카의 왕위를 찬탈해서 왕위에 올랐는데, 그가 바로 명나라 성조이다. 성조는 수비 위주의 대몽골 정책을 공격으로 전환해 북방 변경 문제를 적극적으로 해결하려 했다. 1409년에 타타르족의 군주가 명나라의 사신을 죽이는 사건이 발생했다. 이 사건은 성조의 북벌 정책의 계기가 되었다. 성조는 구복邱福을 대장으로 임명하고 10만 대군을 파견했다. 그러나 구복이 적을 깔보고 적진 깊숙이 침투해 그만 전멸하고 말았다. 이에 격노한 성조는 자신이 직접 50만 대군을 이끌고 출정해 들어갔다가 타타르족의 항복을 받아냈다. 타타르족은 매년 조공을 바치는 조건으로 명나라와 화친했다.

타타르족이 명나라에 패한 후 점차 세력이 강성해진 오이라트족이 빈번하게 남하하며 영하寧夏(닝샤), 감숙甘肅(간쑤) 지역을 차지하려 했다. 이에 성조는 1414년 2차 북벌을 감행해 오이라트족을 공격했다. 오이라트족은 결국 항복해 명나라의 신하 나라가 되었다.

1421년 성조는 수도를 북경北京으로 천도했다. 이듬해 다시 세력을 키운 타타르족의 아루크타이가 우리앙가드兀良哈部와 결탁해 명나라 변경 일대를 어지럽히기 시작했다. 성조는 다시 3차 북벌을 통해 우리앙가드 군의 절반을 섬멸하는 대승을 거뒀다.

명나라 성조 주체의 초상. 조카인 건문제建文帝의 왕위를 찬탈해 질시를 받았지만, 그의 집권기에 명나라는 최고의 전성기를 누렸다.

1424년 7월과 1425년 4월에도 타타르족을 멸하기 위해 직접 군대를 이끌고 4차, 5차 원정을 감행했다. 그러나 5차 원정에서 그만 병으로 세상을 떠났다. 막대한 인력과 물력이 동원된 북벌로 명나라의 북방 변경 일대가 일시적인 평화를 얻긴 했지만, 그 화근을 완전히 제거하지는 못했다.

왜구 퇴치

명나라 초기부터 중국의 동남 연안에 왜구가 들끓기 시작했다. 가정嘉靖(1507~1566년)연간에 장경張經, 유대유俞大猷, 탕극관湯克寬 등의 장수들이 성공적으로 왜구를 퇴치했으며 특히 척계광戚繼光이 왜구 퇴치에 혁혁한 공로를 세웠다.

1555년에 척계광은 왜구의 출몰이 빈번했던 절강浙江(저장 성) 지역에 파견되었다. 그는 장수 집안 출신으로 왜구가 출몰하는 지역에서 복무했기에 왜구의 동태를 잘 알고 있었다. 1559년에 절민총독부浙閩總督府 호종헌胡宗憲의 도움을 받아 의오義烏에서 광부, 농민들을 대상으로 4,000여 명의 병사를 모집했다. 이들은 척계광으로부터 훈련을 받은 군사라 하여 '척가군戚家軍'이라 불렸다. 척계광은 따로 전함 수십 척을 제작해 동남 해안에 주둔시켰다. 왜구의 공격 성향과 해안선의 특징을 고려해 공수를 겸비하는 진영을 만들었다. 1561년에 그는 아홉 차례 왜구와 교전을 벌여 전승을 거두는 쾌거를 이룩했다. 후에 노당盧鏜, 우천석牛天錫 등이 영파寧波 등지에서 왜구와 결전을 벌여 왜구 수천을 섬멸했다. 이로써 절강 일대에 출몰하던 왜구는 자취를 감추게 되었다.

절강 지역에서 물러난 왜구는 복건福建(푸젠 성)으로 몰려와 다시 약탈을 일삼았다. 척계광이 여러 번 물리치긴 했지만, 그가 돌아가고 나면 왜구는 다시 창궐했다. 이에 명나라 왕조는 담륜譚綸을 복건순무福建巡撫, 유대유를 복건총병福建總兵, 척계광을 부총병으로 삼아 왜구의 거점 평해위平海衛를 공격했다. 이렇듯 총력전으로 수천에 달하는 왜구를 무찌르고 난 후에야 동남 해안은 비로소 평온을 되찾을 수 있었다.

사르후薩爾滸 전투

건주여진建州女眞의 추장 누르하치는 만주족을 통일하고 후금後金을 세운 후 명나라를 공격했다. 명나라군이 계속해서 패하자 다급해진 신종神宗(명나라의 제13대 황제)은 24만의 병력을 동원해 반격에 나섰다. 요동경략遼東經略 양호楊鎬의 지휘 아래 동서남북 네 방향에서 공격을 감행했다. 누르하치는 6만의 정예부대를 앞세워 서로군西路軍을 대파한 후 여유만만하게 나머지 명나라 군을 기다렸다.

왜구 퇴치로 명성을 떨친 명나라의 척계광 장군.

명나라 서로군의 대장 두송杜松은 적진으로 무모하게 들어가 사르후에 진지를 구축했지만 누르하치의 거센 공격에 전멸당하고 말았다. 북로군 역시 사르후 일대에서 누르하치에 대패했으며 명나라의 남은 병력 역시 같은 운명을 맞고 말았다.

영원대전寧遠大戰

사르후 전투에서 대패한 명나라는 결국 누르하치에게 고을 40여 개를 빼앗겼다. 새로 부임한 요동경략 손승종孫崇宗이 산해관山海關(산하이관)을 지켜야만 북경이 안전할 수 있다고 주장했다. 병부주사兵部主事 원숭환袁崇煥은 산해관 밖의 영원寧遠(지금의 랴오닝 성 싱청興城)의 수비를 강화해야 산해관도 지킬 수 있다고 주장했다. 손승종은 원숭환의 의견을 받아들여 영원에 성과 요새를 쌓고 방어진을 구축했다. 그러나 훗날 손승종을 대신해 요동경략으로 부임한 고제高第는 무능한 겁쟁이였다. 그는 영원을 포기하고 철수해 산해관 방어에만 힘썼다. 오직 원숭환만이 현지 백성과 생사를 같이하기로 맹세하고 영원을 사수死守하기 위해 남았다.

1626년 1월에 누르하치가 6만의 군대를 이끌고 영원으로 진격했다. 그러나 누르하치의 정예기병들은 높은 성벽과 깊은 참호 앞에서 무력하게 무너졌다. 누르하치마저 부상을 당하자 철군할 수밖에 없었다. 영원대전은 누르하치의 40년 전쟁 생애 가운데 첫 번째 패배로 기록된 전투라고 할 수 있다.

HISTORY OF WAR

조선 시대의 전쟁

1592년 일본의 도요토미 히데요시豊臣秀吉가 16만 대군을 이끌고 조선을 침략했다. 1592년 임진년壬辰年에 발생했기에 이 전란을 임진왜란이라고 한다.

일본의 조선 침략

1592년 4월에 고니시 유기나가小西行長가 이끄는 선봉부대가 부산포로 쳐들어왔다. 왜군은 거친 기세로 한성漢城(서울)까지 치고 올라와 5월 2일 한성을 점령했다. 전쟁이 발생한 지 19일 만이었다.

한성을 점령한 왜군은 여세를 몰아 평양까지 침입했다. 왜군이 도처에서 약탈 행위를 자행하자 이를 막기 위해 조선 각지에서 의병이 봉기했다.

이순신과 '거북선'

왜군이 육로에서는 승기를 잡았지만, 수로에서는 고전을 면치 못

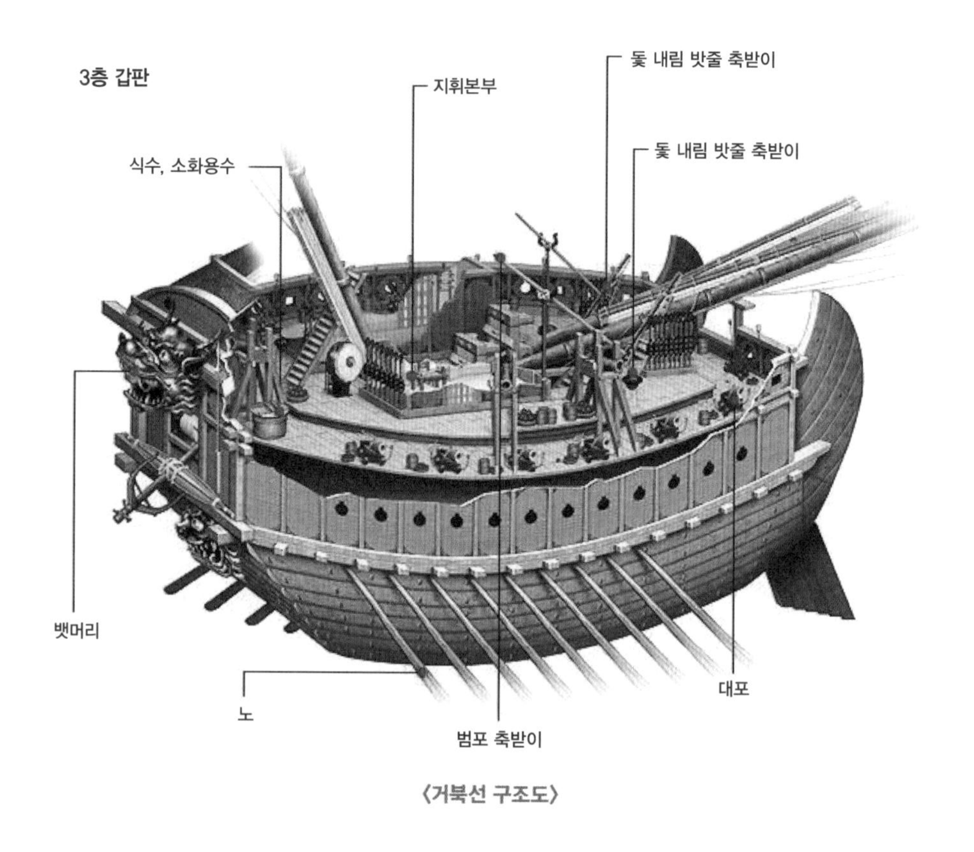

〈거북선 구조도〉

했다. 전라좌수사 이순신이 있었기 때문이었다. 이순신은 수군의 무기 장비를 개선하고 과거 왜구 퇴치에 효과적이었던 '거북선'을 개량하는 등 전투에 만전을 기했다. 외관이 거북의 모양을 닮아 '거북선'으로 이름 붙여진 이 군함은 철 송곳이 외면을 뒤덮고 갑판에 두꺼운 목판을 깔아 총탄과 대포의 공격에도 안전했다. 또한, 앞뒤 좌우에 모두 화포를 쏠 수 있는 총구멍이 있어 군함 안에서 발포가 가능했으며 일본의 군함보다 속력이 훨씬 빨라 효과적인 공격을 할 수 있었다. 따라서 당시로서는 세계 최고 수준의 군함이었다고 해도 과언이 아니다.

1592년 5월 초, 이순신이 이끄는 조선 수군은 경상도 해역에서 왜군 군함에 맹공을 퍼부어 적을 섬멸했다. 이어 벌어진 한산도 해전에서도 왜군에 대승을 거두었는데 이 승리를 한산도 대첩이라고 부른다.

명나라의 참전

조선의 원군 요청에 따라 1592년에 명나라는 조선에 5,000명의 병력을 파견했다. 그러나 왜군의 공격을 막지 못하고 오히려 대패하고 말았다. 이에 명나라는 다시 이여송李如松을 대장으로 4만여 명의 병력을 파견했으며 조선군과 연합 공격을 펼쳐 평양을 되찾았다. 이여송이 왜군의 식량창고를 전소시키는 등 승기를 이어가고 조선 각지에서 의병들의 봉기가 이어지면서 왜군은 점차 수세에 몰리게 되었다.

정유왜란丁酉再亂

명나라의 지원과 의병의 봉기로 전세가 역전되자 왜군은 시간을 벌고자 강화를 요청했다. 그러나 왜군이 지나치게 터무니없는 요구를 제시했기 때문에 3년에 걸친 강화 담판은 결국 결렬되었다. 1597년 1월에 왜군은 다시 육군 14만 명, 수군 수만 명, 그리고 수백 척의 군함을 이끌고 수륙 양로로 다시 공격해왔다.

1597년, 조선군은 압록강을 건너온 명나라 원군과 연합해 충청도 일대에서 왜군을 크게 물리쳤다.

노량해전에 명나라 수군이 사용했던 불량기포佛朗機砲.

혼전이 거듭되는 와중에 도요토미 히데요시가 세상을 떠나자 그의 유언에 따라 왜군은 철수했다.

노량해전露梁海戰

1598년 11월, 조선과 명나라의 연합군대는 노량 앞바다에서 왜군과 격돌했다. 이 전투에서 왜군 1만 5,000명을 섬멸하고 군함 200여 척을 침몰시키는 대승을 거뒀으나 이순신 장군과 명나라 등자룡鄧子龍 장군이 모두 전사하고 말았다. 노량해전의 승리를 끝으로 왜군이 물러가면서 전쟁은 끝이 났다.

제5장

화약 무기 시대의 전쟁

산업혁명이 시작된 18세기 중엽부터 20세기 초까지 세계는 화약 무기가 지배하는 전쟁의 시대에 진입했다. 산업혁명의 성공으로 공업화 시대를 연 '문명국'들이 식민지 개척에 열을 올리면서 전쟁의 먹구름이 전 세계를 뒤덮기 시작했다.

영국 전쟁

산업혁명의 성공으로 영국에는 자산 계급이 등장하기 시작했다. 이들은 귀족이 아닌 시민 신분이었다. 자산 계급이 사회의 주도권을 쥐면서 '군사'는 더 이상 귀족의 전유물로 볼 수 없게 되었으며 '시민 군사 시대'가 열리게 되었다..

영국 내란(청교도 혁명)

1630년대 말엽, 스코틀랜드인들이 반란을 일으키자 찰스 1세는 이들과의 전쟁에 필요한 비용을 해결하기 위해 1640년 4월13일 의회를 소집했다. 그러나 의회는 왕권을 제한하고 상공업자의 자유를 확대해야 한다는 주장만을 되풀이했다. 찰스 1세는 이를 거절하고 결국 의회를 해산했다. 이를 '단기의회'라고 부른다.

스코틀랜드의 공격이 거세지자 찰스 1세는 11월3일에 다시 의회를 소집할 수밖에 없었다. 이 의회는 1653년 4월20일까지 지속되었으며 이는 '장기의회'에 해당한다. 장기의회는 영국 내란의 시작을 예고했다.

크롬웰이 지휘하는 의회파 군대와 찰스 1세의 왕당파 군대의 교전.

의원들이 먼저 찰스 1세의 핵심 고문이었던 스트래퍼드Strafford 백작 웬트워스Wentworth를 탄핵하여 처형했다. 또한 〈3년 회기법Triennial Act〉을 통과시켜 회기를 법적으로 의무화하고 의원들의 동의 없는 의회 해산을 금지했으며 왕실 법정을 폐쇄했다. 궁지에 몰린 찰스 1세는 1642년 1월에 런던을 떠나 영국 북부 요크셔Yorkshire로 피신했다. 그리고 그해 8월, 노팅엄Nottingham에서 왕실상비군을 조직해 전쟁을 일으킴으로써 내란이 발생하게 되었다.

1645년 6월에 크롬웰이 이끄는 의회파 군대가 네이즈비Naseby에서 왕실상비군을 크게 무찔렀다. 1646년 6월에는 찰스 1세의 근거지였던 옥스퍼드를 점령함으로써 1차 내전은 의회파의 승리로 끝이 났다. 찰스 1세는 햄프턴 궁에 연금되었다.

1648년 봄, 사우스웨일즈South Wales, 켄트Kent, 에식스Essex 등지에서 스코틀랜드군과 연합한 왕당파가 폭동을 일으키면서 2차 내전이 발생했다. 그러나 크롬웰이 이끄는 군대가 프레스턴Preston에서 스코틀랜드 군을 무찔러 2차 내전도 종식되었다.

크롬웰 시대

1648년 12월에 내전을 승리로 이끈 의회파 군대는 의회를 점령하고 장로파 의원들을 모조리 축출했다. 남은 의원은 겨우 200여 명에 불과할 정도였다. 훗날 '잔부의회'로 불린 이 의회는 찰스 1세를 재판에 회부해 처형했다. 잔부의회는 이어 상원을 없애고 군주제를 폐지한 뒤 '공화국'을 선포했다.

단두대의 이슬로 사라진 찰스 1세.

그러나 1653년 4월20일에 크롬웰이 잔부의회를 해산하고 신의회(베어본스 의회 Barebone)를 결성했다. 그러나 일부 급진 의원들의 계속되는 개혁 요구로 이 역시 결국 해산하지 않을 수 없었다. 1653년 12월16일에 크롬웰은 호국경護國卿(Lord Protector, Protectorate : 원래는 왕권이 미약할 때 왕을 섭정하던 귀족에게 붙이던 호칭이었으나 크롬웰은 호국경이 된 후 전권을 행사함)의 자리에 올라 호국경 정치체제를 수립했다.

1658년이 크롬웰이 사망하자 군대와 의회 사이에 치열한 권력쟁탈전이 벌어졌다. 스코틀랜드에 주둔하고 있던 멍크Monck 장군은 군대를 이끌고 런던으로 돌아와 스튜어트 왕가의 복벽을 꾀했다. 프랑스에 망명 중이던 찰스 2세는 1660년 4월 4일, '과거 혁명에 가담했던 자'일지라도 국왕에 충성을 맹세하면 사면한다는 내용의 '브레다 선언Declaration of Breda'을 발표했다. 그리고 1660년 5월에 런던으로 돌아와 왕위에 오르게 되었다.

1685년에 찰스 2세가 사망하자 그의 동생 제임스 2세James II가 왕위를 계승했다. 그러나 1688년에 휘그당과 토리당이 연합해 제임스 2세를 폐위시키고 그의 딸 메리와 메리의 부군인 네덜란드 총독 윌리엄 3세를 옹립했다. 무력 충돌 없이 이뤄진 이 무혈혁명을 역사적으로 '명예혁명'이라 부르고 있으며 이로써 영국에는 입헌군주제가 실시되었다.

《해군전술론》

영국의 해군 전술 연구가 존 클라크John Clark의 저서 《해군전술론》은 해군 장교들을 대상으로 한 일종의 교과서이다. 영국이 미국 독립전쟁 당시 프랑스 함대에 패한 어션트 해전Battle of Ushant과 체사피크만 해전Battle of Chesapeake Bay은 클라크에게 새로운 해군 전술 연구의 동기를 부여하게 되었다. 이 책에서 그는 전방 또는 후방의 소수 적함을 공격하는 데 모든 화력을 집중할 필요가 있다고 강조했다. 전함의 기동력은 풍향과 풍속의 영향을 받는다. 만약 후방 전함이 공격을 당하고 있을 때 전방과 중앙의 군함이 후방으로 이동하려면 반시간 이상이 소요되고 그렇게 시간을 허비하는 사이, 전쟁의 승패가 이미 결정나는 경우가 많다고 강조했다. 이런 경우 전세를 역전시키기란 쉽지 않다.

신 전술의 승리

1782년 4월에 로드니Rodney 제독이 이끄는 영국 함대는 서인도제도에서 그라스 백작이 이끄는 프랑스 함대와 일대 격전을 벌였다. 체사피크만 해전의 패배를 교훈 삼아 로드니 제독은 '일렬종대'의 전투대형을 과감히 버리고 가까운 거리에 있는 적함을 4 대 3, 또는 3 대 1로 포위 공격하는 전술을 택했다.

이 전술이 주효하면서 영국 해군은 그라스 백작을 생포하고 전함 5척을 획득하는 대승을 거뒀다. 이 승리를 계기로 로드니 제독은 귀족작위까지 받게 되었다.

로드니 제독의 신 전술은 해전의 신기원을 연 것으로 평가받고 있다.

나일 강 전투

1798년 5월 19일에 툴롱Toulon 항에 집결한 나폴레옹의 원정 함대는 영국 해군을 무찌르기 위해 이집트로 출발했다.

그러나 나폴레옹 함대가 출항하기 전부터 영국 해군 넬슨 제독은 이미 정찰함을 파견해 그의 행보를 예의주시하고 있었다.

8월 1일에 프랑스 함대는 이집트 아부키르 만에 정박해 있었다. 프랑스 해군 지휘관 브뤼에스는 아브키르 만의 지형이 복잡해 영국 함대가 이곳에 근접하지 못할 것으로 생각했다. 그는 출전을 보류하고 항구에 계속 정박해 있을 작정이었다. 그러나 이 경우 항구에 정박해 있던 함대가 바로 전투에 임하려면 기동성이 떨어져 공격에 무방비 상태가 될 뿐 아니라 외부 지원을 받을 방법도 없다. 이러한 상황을 간파한 넬슨 제독은 바로 프랑스 해군에 공격을 감행했다.

예상치 못한 영국 함대의 공격에 프랑스 군은 당황하고 말았다. 항구에 정박해 있던 전함 가운데 부두를 향해 있던 전함은 완전히 무방비 상태여서 영국군의 공격에 반격조차 할 수 없었다. 결국, 프랑스 함대는 엄청난 타격을 입었고 브뤼에스는 전사했다. 넬슨 제독은 이마에 가벼운 부상을 입었을 뿐, 프랑스 전

영국 역사상 가장 위대한 해군 사령관으로 꼽히는 넬슨 제독. 용맹한 성품과 탁월한 항해 기술로 지금도 영국 해군의 모범으로 존경받고 있다.

트라팔가르 해전Battle of Trafalgar. 영국의 육군 장교이자 군사이론가인 풀러Fuller, John Frederick Charles는 그의 저서 《서방 세계의 전쟁사A Military History of the Western World》에서 트라팔가르 해전의 패배로 나폴레옹의 영국 점령의 꿈은 물거품이 되었으며 1세기 동안 지속된 영국과 프랑스의 해상패권 쟁탈전은 영국의 승리로 끝이 났다고 평했다.

함 13척 가운데 도주한 2척과 전소한 2척을 제외한 9척을 나포하는 성과를 거뒀다. 영국군이 895명의 사상자를 낸 반면, 프랑스군은 5,225명의 사상자가 발생하고 3,105명이 포로로 잡혔다.

나일 강 전투는 넬슨 제독의 뛰어난 지휘능력에 힘입어 얻어낸 승리라고 할 수 있다. 이 전투의 승리로 넬슨은 유럽 전역에 그 명성을 떨치게 되었다.

트라팔가르 해전

1805년 10월 20일에 영국의 넬슨 제독은 지브롤터 해협Strait of Gibraltar에서 프랑스 군을 지원하러 가고 있던 지중해 함대의 빌뇌브Villeneuve 장군을 바짝 추격하고 있었다.

그리고 21일, 동이 틀 무렵에 두 함대는 트라팔가르 곶에서 조우하게 되었다. 넬슨은 기존의 '일렬종대'의 선형전투대형을 버리고 27척의 전함을 좌우 양쪽으로 나누어 오른쪽은 콜링우드 제독이, 왼쪽은 자신이 직접 지휘하며 전투에 임했다. 콜링우드가 지휘하는 함대는 적의 후방을, 그리고 넬슨의 함대는 전방과 중앙을 공격했다. 영국 군은 대승을 거뒀으나 넬슨 제독은 안타깝게도 이 전투에서 전사하고 말았다.

트라팔가르 해전에서 영국 군은 프랑스 군을 완전히 섬멸했다. 영국 정복을 꿈꾸던 나폴레옹의 야망은 물거품이 되었고 영국은 당당히 해상패권을 차지했다. 또한, 이 전투를 계기로 '선형전투대형' 대신 순양함巡洋艦(전함보다 빠른 기동력과 구축함보다 우수한 전투력을 지닌 큰 군함)이 각광받기 시작했다. 이로부터 17년 후, 80마력의 증기 동력 외륜 군함이 등장하면서 범선 전함의 시대는 막을 내렸다.

프랑스 전쟁

루이 14세

1643년, 잉글랜드 국왕이 내전에 시달리고 있을 무렵 유럽 대륙 프랑스에서는 갓 다섯 살이 된 루이 14세Louis XIV가 왕위에 올랐다. 1661년에 그를 보좌해 나라를 다스렸던 마자랭Mazarin 총리가 죽자 스물세 살 성년이 된 루이 14세는 친정을 선포했다.

루이 14세가 절대 왕권을 행사할 수 있었던 데는 섭정대신 마자랭의 역할이 매우 컸다. 그는 한 치의 망설임도 없이 왕권을 위협하는 귀족들의 권리를 박탈하며 루이 14세에게 힘을 실어 주었다. 루이 14세가 친정을 실시하고부터는 루부아Louvois, 콜베르Colbert 등의 대신들이 그를 든든히 보좌했다.

해군 총책임자 콜베르는 무기 공장, 조선소를 확충하고 신 항구를 건설하는 한편, 해군학교를 설립해 우수한 해군장교와 직업군인을 양성했다. 또한, 그의 주도로 신형 군함이 제작되기도 했다. 기존에 프랑스는 군함이 20여 척밖에 없었으나 1661년에는 196척, 1677년에는 270척에 달하는 등 해상맹주 영국과 비겨도 손색이 없는 수준에 이르렀다. 1685년에 루이 14세가 '낭트칙령Edit de Nantes(프랑스 개신교 신자들에 대해 공직 임용 제한 등 차별을 금지하는 법률)'을 철회하면서 콜베르의 개혁은 더 이상 진전되지 못했다. 하지만, 군대 기반은 이미 확고하게 다져진 상태였다.

프랑스 군대 혁신에 기여한 또 한 명의 인물은 바로 군정대신 루부아였다. 그는 유럽 최대 규모의 20만 대군을 양성해 프랑스의 군사력을 증강시켰다. 전성기 프랑스 군대는 최고 37만 5,000명에 달하기도 했다.

'태양왕'으로 불렸던 루이 14세. 베르사유의 호화로운 왕궁에서 사치가 극에 달한 생활을 즐겼던 그는 프랑스의 개신교도 위그노Huguenot를 유혈 진압하는 등 강력한 왕권을 행사했으며 대외 원정도 빈번하게 감행했다. 그의 재위기간은 무려 73년으로 유럽 전제왕권의 국왕 가운데 가장 길었다.

루부아의 개혁

루부아의 첫 번째 개혁은 이베리아 산속 사냥꾼들이 즐겨 사용하던 사격 기술을 프랑스 군대에 도입한 것이었다. 그는 활강총 앞부분에 탈부착이 가능한 총검을 장착하도록 했다.

또한, 200여 년 동안 사용되었던 화승총을 대신해 발화장치가 달린 수석총燧石銃을 사용했다. 수석총은 화승총에 비해 사격조작이 쉽고 속도가 빨라 사격 효율을 높일 수 있었다.

총검과 수석총이 전장에 투입되면서 파이크병과 횡대전술이 사라지는 등 군사 전술에도 변화가 생겼다. 루부아는 군대의 사기를 높이기 위해 휴장 제도를 도입하고 육군의 군복을 통일했으며 부상당한 상이군인을 위해 요양원을 설립했다. 이러한 조치들은 실제로 병사들의 사기를 고취시키는 데 매우 효과적이었다. 이 밖에도 후방지원 전담부대를 창설하고 도로를 개선해 보급품 운송에 편의를 도모했다. 전략적 요충지마다 창고를 세워 식량과 탄약을 보관하도록 했으므로 병사들은 더 이상 보급품 조달로 골머리를 앓지 않아도 되었다. 루부아의 개혁 덕분에 병사들은 전투에만 집중할 수 있게 되면서 이들의 건강과 사기가 증진되고 군기도 한층 강화되었다. 군기가 강화되자 병사들이 민중을 괴롭히는 행태도 사라졌다.

수년에 걸친 루부아의 개혁으로 프랑스 육군은 새로운 모습으로 재탄생하게 되었다. 이는 당대 다른 군대들에 비해 반세기가 앞선 수준이었던 것으로 평가받고 있다.

유럽제패

루이 14세의 강력한 왕권행사와 콜베르, 루부아의 개혁에 힘입어 프랑스는 유럽 최대 강국으로 군림하기 시작했다. 루이 14세는 엄격한 훈련을 통해 양성된 우수하고 사기 충만한 상비군을 이끌고 대외 정복에 나섰다.

1665년 9월 17일에 스페인 국왕 필리프 4세가 세상을 떠나자 왕위계승과 유산을 둘러싸고 유럽 각국의 갈등이 첨예하게 대립했다. 프랑스는 필리프 4세의 장녀가 루이 14세의 왕비인 점을 들어 스페인령 네덜란드(지금의 벨기에)의 통치권을 요구했다가 거절당하고 만다. 결국 프랑스는 스페인에 전쟁을 선포했고 이로써 '왕위계승전쟁'이 발발하게 되었다. 그리고 1667년 5월 24일에 프랑스는 발 빠르게 출동시켜 스페인령 네덜란드를 차지했다.

1668년 1월, 영국, 네덜란드, 스웨덴은 반프랑스 대동맹을 결성해 프랑스의 팽창주의 저지에 나섰다. 프랑스는 정복지의 일부를 스페인에게 돌려주었을 뿐 여전히 12개에 달하는 도시를 차지하고 있었다.

군대를 이끌고 네덜란드로 진격하는 루이 14세.

루이 14세는 반프랑스 대동맹국 전쟁(1686~1697년)과 스페인 왕위계승전쟁(1701~1714년)에서 모두 승리했지만, 전쟁기간이 길어지면서 프랑스 국력도 쇠퇴하기 시작했다. 이 틈을 타고 동유럽, 북유럽 국가들이 유럽 대륙전쟁의 주인공으로 등장했다.

군사 건축의 대가 보방

1673년 6월 29일에 루이 14세는 4만 대군을 이끌고 네덜란드 국경지대의 요새 마스트리흐트Maastricht를 점령했다. 이 요새는 당시 유럽에서 가장 견고한 요새로 꼽히던 곳이었으나 프랑스 공병부대의 대장 보방Vauban의 뛰어난 전술 덕분에 함락시킬 수 있었다. 보방은 요새 주변에 미로 형태의 참호들을 파서 성곽 수비군의 포화로부터 안전하게 요새로 접근할 수 있도록 했다. 결국, 프랑스군은 최소한의 희생으로 마스트리흐트 요새를 차지했다.

보방은 방어시설 축조에도 남다른 재능이 있었다. 그가 설계한 종사縱射(행군 대형과 같이 앞뒤로 늘어서 있는 목표를 직각 방향에서 사격함) 대포시설과 보병의 반격을 지원하는 보루는 프랑스 대혁명시기에도 그 진가를 발휘했다. 보방은 공병부대의 제복을 통일하고 이들을 각종 방어시설 축조에 투입했다.

징병제 실시

수세기에 걸쳐 전쟁은 직업군인들의 몫이었다. 그러나 프랑스 대혁명을 통해 주도권을 얻은 시민들은 루소의 사상을 입증이라도 하듯 국가보위의 의무를 지기 시작했다.

1793년 8월 23일, 프랑스 '공안위원회Committee of the Public Safety'는 징병제를 통해 근대적 국민군을 창설했다. 이후 유럽 각국에서도 속속 징병제를 도입했으며 징병제는 현재까지도 이어져 내려오고 있다.

영국의 군사이론가 풀러는 근대적 국민군의 창설로 '국가' 차원의 '무한전쟁' 시대의 막이 열렸으며 이는 전쟁사의 일대 혁명이라고 평가했다. 국가가 모든 인적, 물적 자원을 전쟁에 동원할 수 있게 된 것이다. 기존의 병사들은 모두 엄격한 훈련을 받은 최고의 전문군인이었기에 이들의 희생은 큰 국가적 손실로 이어졌다. 이들의 전장 투입은 신중을 기할 수밖에 없었다. 그러나 일반 시민을 전장에 동원할 수 있게 되면서 전쟁 비용이 크게 절감되었다. 이로써 전쟁 규모는 점점 커지고 전쟁 발생 빈도도 높아졌다.

포병砲兵 개혁

프랑스 대혁명으로 전제군주제가 몰락하고 그 후 나폴레옹이 등장했다. 나폴레옹은 포병 소위 출신답게 전장에서 포병의 역할을 매우 중시했다. 1776년에는 프랑스 포병의 아버지로 불리는 그리보발Gribeauval이 포병총독에 오르면서 개혁 조치를 단행했다.

그는 먼저 포병 양성 부대와 학교를 설립해 전문적인 훈련을 실시하고 야전, 공성, 해안방위, 요새수비 등 대포를 용도에 맞게 종류별로 제작하도록 했다. 포가砲架(포신을 올려놓는 받침틀)와 대포 내부구조를 개선해 부품의 규격을 통일함으로써 부품교환이 용이해졌으며 대량생산도 가능해졌다. 중포重砲(구경 155mm 이상으로 파괴력이 크고, 사정거리가 긴 야포)는 분리 가능하도록 제작해 운송의 편의를 도모했다.

나폴레옹 전쟁

프랑스 전역에 징병제가 실시된 후부터 대규모 전쟁이 가능해졌다. 국민군이 창설되면서 쌍방의 주력 부대가 대규모 결전을 벌이는 일이 흔해졌다. 30년 전쟁의 경우 참전병사가 1만 9,000명에 불과했으며 루이 14세 시대에는 4만명, 프리드리히 대제 시대에는 4만 7,000명, 프랑스 대혁명 시대에는 4만 5,000명 정도였다. 그러나 나폴레옹 전쟁 시대에 이르러 8만 4,000명으로 늘어났다. 쌍방의 참전병사가 10만이 넘는 경우도 종종 발생했다.

알프스 산을 넘어 이탈리아로 진군하는 나폴레옹.

나폴레옹은 한두 차례의 총공격으로 적의 주력군을 섬멸하는 '속전속결' 전술을 자주 사용했다. 집중 공격의 중요성을 간파한 그는 포위, 우회, 중앙 돌파 등의 전술을 적절히 활용했으며 도주하는 적까지 반드시 추격해 섬멸했다. 또한, 언제든지 전장에 투입할 수 있는 예비군을 대기시켰다. 적의 동태를 제대로 파악하기 위해 스파이, 정찰활동도 중시했다.

나폴레옹의 전술은 대규모 무장 병력의 위력을 최대한 발휘시키기는 것이었다. 역사적으로 나폴레옹이 일으킨 전쟁은 모두 '나폴레옹 전쟁'으로 부르고 있다. 그는 군사뿐만 아니라 정치적으로도 프랑스에 지대한 영향을 끼친 인물로 평가받고 있다.

나폴레옹 생전의 주요 전투로는 이탈리아 전투를 비롯해 아우스터리츠Austerlitz 전투, 프랑스-프로이센 전투, 모스크바 전투, 라이프치히Leipzig 전투, 워털루Waterloo 전투를 들 수 있으며 특히 라이프치히 전투와 워털루 전투의 패배는 나폴레옹의 운명을 바꿔 놓았다.

워털루 전투

HISTORY OF WAR

러시아 전쟁

크롬웰과 루이 14세는 유럽의 군사 발전에 획기적인 역할을 했다. 러시아에서는 표트르 대제Peter the Great가 개혁 정치를 펼치며 러시아를 군사강국의 반열에 올려놓았다.

서유럽 모방

표트르 대제는 우선 육·해군 신식군대를 양성했다. 당시 유럽에서 유행했던 복잡한 전투대형과 전술을 도입해 군대를 훈련시키기 위해서는 유능한 군관이 절실했다. 이에 외국인 군관을 대거 초빙해 왔으나 지나치게 높은 보수와 신뢰성 문제로 잡음이 빈번하게 발생했다. 결국 러시아 자국 군관으로 대체할 필요성이 대두되었다. 표트르 대제는 우선 귀족들을 대상으로 반드시 군대나 정부기관에서 복무하도록 하는 명문화된 규정을 만들었다. 이 규정에는 군관이 되려면 우선 일선에서 반드시 병사로 복역해야 한다는 조항이 포함되었다. 이 같은 규정은 당시 프로이센을 제외한 다른 국가에서는 좀처럼 찾아보기 어려운 규정이었다. 표트르 대제는 귀족 출신이 아니더라도 재능 있는 인재를 선발해 중령 이상의 군관이 되면 귀족으로 신분을 상승시켜 주었다. 표트르 대제가 매우 아꼈던 신하인 멘시코프Menshikov도 본래는 궁정 마구간 지기의 아들이었다. 그러나 표트르 대제에게 능력을 인정받아 러시아 육군 원수의 자리에까지 올랐다. 표트르 대제는 우수한 군관을 양성하기 위해 우선 귀족들을 유럽에 유학생으로 대거 파견해 선진 군사 기술을 익히도록 했다. 또한, 러시아 국내에도 군사학교를 설립해 포병, 군의관 등을 양성했다. 군관은 군사 전반에 통달해야 함은 물론 병사들을 제대로 통솔할 수 있는 능력을 겸비해야 했다. 1714년부터는 군관 임명을 표결하는 위원회가 결성되었고 군관의 임기도 제도화되었다. 표트르 대제는 직접 군관 임용과 감독에 참여하는 열의를 보였다. 이때부터 러시아 군은 통일된 군복을 착용하기 시작했으며 병사들의 사기 진작을 위한 훈장, 표창 제도가 마련되었다. 또한, 1722년부터 계급 제도가 생겨 육해군 모두 14등급으로 나뉘었으며 8급까지

서유럽의 선진 제도를 적극적으로 받아들였던 표트르 대제는 직접 서유럽 순방에 나서기도 했다.

폴타바Poltava 전투를 이끄는 표트르 대제. 이 전투의 승리를 계기로 러시아는 스웨덴을 완전히 물리쳤다.

귀족 작위가 수여되었다.

러시아 해군의 정규함대는 1695년에 표트르 대제가 보로네시Voronezh에 세운 돈 강Don River 함대에서 그 기원을 찾을 수 있다. 표트르 대제는 타타르족으로부터 아조프 해Sea of Azov를 빼앗기 위해 전쟁을 일으켰지만 실패하고 말았다. 아마 그때부터 우수한 함대의 필요성을 절실히 느꼈던 것인지도 모른다. 1702년에 제2차 북방 전쟁을 감행했다. 라도가Ladoga 호수와 페이푸스Peipus 호수에 함대를 구축했는데 이는 발트 함대의 전신에 해당한다. 1703년부터 러시아는 발트 해 연안에 거점을 확보하고 이곳을 중심으로 조선소와 해군기지를 세우기 시작했는데 표트르 대제는 직접 노동에 참여하기도 했다. 1725년에 마침내 전함 40척, 순양함 10척, 소형 함정 약 100척으로 구성된 발트 함대가 탄생했다. 카스피 해 함대 역시 100여 척의 소형 함정을 보유함으로써 훗날 러시아 대외 원정에 토대를 확고히 다지게 되었다. 표트르 대제는 소규모 정에 해병대를 양성한 것으로도 알려져 있다.

서양의 선진 제도를 도입해 자신의 방식대로 재편한 표트르 대제는 20만에 달하는 신식 상비군을 양성함으로써 러시아 제국 군사 역사의 신기원을 열었다. 이는 또한 유럽의 군사 정세에도 큰 영향을 끼치게 되었다.

표트르 대제의 대외 확장 정책

1695년에 친정을 시작한 표트르 대제는 흑해로 통하는 아조프 해를 차지하기 위해 타타르족과 전쟁을 벌였다. 막대한 해군을 보유하고 있던 타타르족에게 표트르 대제는 패배할 수밖에 없었다. 그는 이 전투를 계기로 정규군, 특히 해군의 필요성을 절감했다. 표트르 대제는 겨우내 '흑해 함대'를 창설하고 이듬해 7월 수륙 양로로 공격을 감행했다. 결국 아조프를 함락시킴으로써 러시아는 흑해로 통하는 거점을 확보하게 되었다.

1697년에 표트르 대제는 북방의 강국 스웨덴과 21년에 걸쳐 소위 '북방 전쟁'을 감행했다. 이 전쟁의 승리를 계기로 북방 해안을 얻게 된 러시아는 1722년에 페르시아까지 공격했다. 표트르 대제는 이 전쟁을 위해 수백 척의 전함으로 이뤄진 카스피 해 함대를 투입했다. 그 결과 카스피 해 연안의 페르시아 속지屬地를 차지함으로써 남하 정책의 물꼬를 트게 되었다.

표트르 대제는 청나라와 체결한 '네르친스크 조약Treaty of Nerchinsk, 尼布楚條約'을 무시하고 아시아 동쪽까지 진격하는 한편, 이곳을 발판으로 북아메리카 대륙까지 진출을 시도하려 했다.

예카테리나 여제

1762년에 표트르 3세의 왕비 예카테리나Ekaterina가 정변을 일으켜 스스로 제왕의 자리에 올랐다. 그녀의 집권기에 러시아는 군사 제국으로서 큰 발전을 이룩했다.

표트르 대제의 최고 계승자로 불리는 예카테리나 여제.

진보주의 성향이 강했던 예카테리나는 근대사상이 군주정치와 왕조의 이익에 기여할 수 있다는 점을 인식하고 계몽주의 사상가들을 가까이함으로써 '개명전제주의開明專制主義(계몽주의 사조의 영향을 받아 전제군주가 강행한 근대화 개혁)'를 시행했다.

표트르 대제의 업적을 계승 발전시키 유럽 무대에 러시아를 각인시킨 또 한 명의 차르로 깊은 인상을 남긴 그녀는 한 시대를 마감하는 최후의 전제군주로서 역사에 길이 남게 되었다.

명장 수보로프

러시아 전쟁사상 가장 큰 영향을 끼친 인물로 평가받고 있는 수보로프Suvorov는 일생 동안 수많은 군사교본을 쓴 인물로 유명하다. 그의 군사 사상의 핵심은 '공격'으로 1796년에 저술한 《승리의 과학制胜的科学》이란 책을 통해 러시아 '공격 전략'을 집대성했다. "군사학술의 진리는 적의 가장 민감한 부분부터 공격하는 것이다…… 직접적이고 용맹한 공격만이 모든 문제를 해결해 줄 수 있다." 1798년에 러시아가 이탈리아 원정을 감행할 때도 그의 전술은 매우 간단명료했다. "공격 말고 다른 해법은 없다!"

크림 전쟁

1853년부터 1856년까지 러시아는 오스만 제국, 프랑스, 영국, 그리고 연합국으로 참전한 사르데냐 왕국Regno di Sardegna과 크림 반도에서 전쟁을 벌였다.

전쟁의 표면적인 이유는 종교 갈등이었지만 실제로는 러시아의 팽창주의에 대

크림 전쟁에서 패한 러시아를 풍자한 만화. 영국의 〈더 타임스The Times〉 지에 실렸다.

한 각국의 견제에서 비롯되었다. 러시아는 오스만 제국 내 정교회 교도들에 대한 보호권을 주장하며 팔레스타인 성지 안에 러시아 보호구역을 만들어달라고 요구했다. 오스만 제국의 술탄이 이를 거절하고 프랑스 가톨릭 신도와 영국의 개신교도까지 강력히 반대하자 러시아는 군사행동을 취하게 되었다. 1853년에 러시아는 오스만 제국과 국교를 단절하고 도나우 강변의 투르크 속국들을 점령하기 시작했다.

1854년, 영국과 프랑스가 정식으로 러시아에 선전포고를 하고 1855년에 사르데냐 왕국까지 이 연합에 가담했다. 러시아는 오스트리아마저 연합군에 참전하지 않도록 하기 위해 도나우 강변에서 철수했다. 오스트리아는 이곳을 차지한 후 영국-프랑스 연합군이 크림 반도의 요새 세바스토폴을 포위 공격할 때도 원군을 파견하지 않았다.

1년여의 포위 공격 끝에 영국-프랑스 연합군이 세바스토폴을 함락시키자 러시아는 크림 반도에서 철수하게 되었다.

HISTORY OF WAR

독일 전쟁

프로이센의 흥기

1703년에 프로이센 왕국을 세운 프리드리히는 자신을 프리드리히 1세로 개칭했다. 프로이센 왕국은 전쟁을 통해 세워진 군사 왕국이라고 해도 과언이 아니다.

특히 프리드리히 1세의 아들 프리드리히 빌헬름 1세Friedrich Wilhelm I(1713~1740년)는 프로이센 왕국의 군국주의와 전제군주 제도를 확립한 인물이라고 할 수 있다. 그의 집권기에 프로이센의 병력은 기존의 3만 5,000명까지 8만 5,000명으로 증가했다. 그러나 병사들 대부분이 강제 동원되었거나 납치되어 복역 중인 사람들이었다. 프리드리히 빌헬름 1세는 유럽 각지에서 키가 크고 몸집 좋은 장정들을 닥치는 대로 프로이센으로 끌고 와 '척탄부대擲彈部隊(폭탄투하부대)'에 투입시켰다. 당시 유럽의 젊은이들 가운데 신체적 조건이 뛰어난 장정들은 모두 프로이센에 끌려갈까 봐 불안감에 떨어야 했다. 키가 크고 건강한 여성들 역시 불안에 떨기는 마찬가지였다. 이들은 프리드리히 빌헬름 1세 군대 장정들의 '우성인자'를 이어갈 2세를 생산해야 했기 때문이었다. 군관은 귀족자제를 상대로 강제 선발해 군사학교에서 훈련을 받은 후 군대에 배치되었다.

프리드리히 빌헬름 1세는 인색하기로 악명 높았지만, 재정의 70%를 군사비로 사용할 만큼 군사력 증강에 온 힘을 쏟아 부었다. 그는 매우 엄격한 기율로 군대를 훈련시켰는데 나라를 다스릴 때도 마찬가지였다. 관료 대신, 장군은 물론이고 일반 사병과 관리, 시민에게까지 몽둥이로 내리치기 일쑤였다. 그에게 '군율'은 모든 것의 판단기준이었다. 그는 프로이센의 유명한 철학자 라이프니츠Leibniz에게도 '보초도 제대로 못 서는 쓰레기'라고 호통쳤을 정도였다. 임종을 앞둔 그에게 목사가 "인생은 알몸으로 왔다가 알몸으로 가느니"라고 하자, 그는 마지막 힘을 다해 "안 되오. 나는 알몸이 아니라 군복을 입고 갈 것이오."라고 말한 일화가 유명하다.

프리드리히 빌헬름 1세. 프로이센 왕국의 군국주의와 전제군주 제도를 확립한 인물로 그의 집권기에 군사력이 크게 증강했다.

프리드리히 대제

1740년에 프리드리히 빌헬름 1세가 세상을 떠나고 그의 아들 프리드리히 2세가 왕위에 올랐다. 그는 프리드리히 대제 또는 프리드리히 대왕으로 불릴 만큼 프로이센을 유럽 최강의 군사대국으로 키웠다.

또한 자신을 계몽사상가 볼테르

유럽 왕정 시대에 '개명군주開明君主'의 모범을 보인 프리드리히 대제. 그는 다양한 예술 분야에도 관심을 나타냈다.

Voltaire의 벗이라 칭하며 '개명전제주의'를 실시했다. 그의 사상이 '국왕은 국가의 시종'임을 강조할 정도로 진보적임은 분명했지만, 전제주의를 포기한 것은 아니었다. 오히려 계몽사상을 왕권 강화에 이용했다고 볼 수 있다. 프랑스 대혁명이 일어나기 전까지 이 같은 '진보주의적 전제주의'는 프리드리히 대제 시대에 와서 최고의 전성기를 맞았다. 그는 군사철학가이자 군사개혁가였으며 그리고 경험이 풍부한 군대통솔자로서의 면모를 과시했다.

프리드리히 대제는 군사와 전쟁에 정통했지만 의외로 전쟁이 '본질적인 죄악'이라는 인식을 하고 있었다.

젊은 시절의 프리드리히 대제.

1757년에 프리드리히 대제가 이끄는 프로이센 군은 로스바흐에서 프랑스, 오스트리아, 러시아, 스웨덴 연합군과 대치하게 되었다. 당시 프로이센은 슐레지엔의 소유권을 두고 오스트리아와 분쟁 중이었다. 프리드리히 2세는 프로이센 군을 동쪽으로 274킬로미터나 행군시킨 뒤 연합군을 급습하는 작전을 펼쳤다. 철군하는 오스트리아 8만 대군과 뤼첸에서 결전을 벌이게 되었다. 프로이센 포병대의 집중 공격을 받은 오스트리아 군은 허둥대며 뿔뿔이 흩어지기 바빴다. 프로이센 보병부대는 전열을 사다리꼴 대형으로 정비해 오스트리아 군의 양쪽 진영을 돌파했다. 집중포화를 받은 오스트리아 군은 프로이센에게 대패하고 말았다. 프로이센 군은 오스트리아 군 2만 명을 포로로 잡고 오스트리아 군의 대포 116대를 파괴하는 위력을 보였다.

뤼첸 전투는 나폴레옹이 등장하기 전, 대포의 위력이 드러난 전투로 볼 수 있다. 슐레지엔Schlesien은 다시 프로이센에 귀속되었다.

프랑스-프로이센 전쟁. 이 전쟁의 승리로 프로이센은 통일 과업의 최대 걸림돌을 제거하게 되었다.

7년 전쟁

18세기 최대 전쟁으로 꼽히는 7년 전쟁은 프로이센과 영국 연합군이 오스트리아, 프랑스, 러시아, 스웨덴, 그리고 작센 등 일부 게르만족 제후국들과 벌인 전쟁이다. 유럽 국가 대부분이 참전했다고 볼 수 있으며, 특히 영국과 프랑스는 인도, 북아메리카 등의 식민지 쟁탈을 두고도 신경전을 벌였다.

이 전쟁으로 100만 명이 목숨을 잃었으며 프로이센을 제외한 유럽 각국은 막대한 빚더미에 올라앉게 되었다. 프랑스는 북아메리카와 인도 대부분의 식민지를 잃고 내부적으로 대혁명의 불씨가 피어오르기 시작했으며 오스트리아 합스부르크 왕조의 명성은 땅에 떨어져 신성로마제국의 멸망을 재촉했다. 프로이센은 스웨덴, 러시아, 오스트리아, 프랑스 등 유럽 4대 강국의 전쟁에서 겨뤄 승리함으로써 국제무대에서의 위상이 오스트리아보다도 높아졌다.

《전쟁론Vom Kriege》

클라우제비츠Clausewitz의 《전쟁론》은 서양 근대 군사 이론의 경전으로 꼽히는 저서로 서양 군사사상의 형성과 발전에 큰 영향을 끼쳤다.

이 책에서 그는 전쟁과 정책의 관계, '갈등'이 전쟁에 미치는 영향, 병사들의 사기士氣의 중요성, 일반전술에 대한 관점 등 전쟁과 전략 전술에 대한 자신의 견해를 피력했다. "전쟁은 정치의 또 다른 수단이다."라는 그의 관점에서 알 수 있듯이 그는 전쟁을 사회 현상의 하나로 정의했다. 전쟁은 그 나라의 정치를 반영하는 도구이며 정치의 종속물인 것이다. 또한, 전쟁을 시작하기 전, 정치 환경에 근거해 전쟁의 목표를 정해야 하며 그 목표는 반드시 실제 군사력과 부합해야 한다고 강조했다.

클라우제비츠는 '범국민전쟁'을 19세기의 새로운 전쟁 현상으로 보았다. 징병제 실시 후 대규모 국민군이 전쟁에 동원되었기 때문이었다. 그러나 정규군이 벌이는 '유격전'도 여전히 중시되었다. 대규모 교전을 막는 전략적 방어의 중요성이 대두되는 한편, 소규모 부대의 효율적인 공격이 요구되었다. 한 차례의 대규모 교전으로 전쟁의 승패를 판가름할 필요가 없어진 것이다.

클라우제비츠는 전쟁에 요구되는 기술을 '전략'과 '전술'로 구분했다. 전술이 전투에 사용하는 무력을 다루는 기술이라면, 전략은 전투를 통해 어떻게 전쟁의 목

파리 근교 베르사유 궁에서 '독일 제국'의 탄생을 선포하는 비스마르크. 프로이센 국왕 빌헬름 1세는 독일 제국 황제에 올랐다. 역사적으로 이를 '독일 제2제국'이라고 칭한다.

적을 달성하느냐는 원론적 학설을 가리킨다. 그는 수적으로 우세한 병력과 집중 공격, 그리고 돌발공격을 가장 일반적인 군사 기술이라고 정의했다.

프리드리히 대제는 병력의 수적 우세 외에도 허를 찌르는 돌발 공격과 집중 공격이 전쟁의 승패를 가르는 요인이 될 수 있다는 것을 이 전투를 통해 보여주었다.

독일 통일

프로이센의 국왕 빌헬름 1세는 1862년에 비스마르크Bismarck를 수상으로 임명했다. 비스마르크가 실시한 '철혈 정책'은 독일 통일의 밑거름이 되었다. 1864년에 비스마르크는 외교적 수완을 발휘해 오스트리아와 연합, 덴마크를 무찔렀다. 1866년에는 독일의 주도권을 차지하기 위해 프로이센과 오스트리아가 결전에 돌입했다. 이 전쟁에서 패한 오스트리아는 강제로 '프라하 평화조약Friede von Prag'을 맺고 프로이센 동맹에서 퇴출당했으며 더 이상 독일 문제에 간여할 수 없게 되었다. 1867년에 프로이센은 독일 중부와 북부를 통일하고 영토 면적 34만 7,000km^2, 인구 2,400만 명에 이르는 '북독일연방'을 세웠다.

독일의 통일에 대해 프랑스는 언제나 반대 입장을 취했다. 당시 프랑스 나폴레옹 3세는 스페인의 왕위계승문제를 둘러싸고 프로이센과 갈등을 빚고 있었는데 1870년 7월, 프랑스가 먼저 공격을 감행함으로써 프랑스-프로이센 전쟁이 발발하게 되었다. 이 전쟁에서 참패한 프랑스는 프로이센에 알자스로렌Elsass-Lothringen을 양도하고 막대한 배상금을 지불할 수밖에 없었다. 1871년 1월 18일, 비스마르크 재상은 파리 근교 베르사유 궁에서 '독일 제국'의 탄생을 선포했으며, 프로이센 국왕 빌헬름 1세가 독일 제국 황제에 올랐다. 역사적으로 이를 '독일 제2제국'이라 칭하고 있다.

HISTORY OF WAR

미국 전쟁

대륙군의 창설

1775년 4월 19일, 매사추세츠Massachusetts 민병대가 보스턴 부근의 렉싱턴Lexington과 콩코드Concorde에서 영국 군과 충돌을 빚게 되었다. 영국 군이 민병대의 탄약 창고를 파괴하면서 수백 명의 사상자가 발생했기 때문이었다. 영국 군의 철수로 이 충돌은 마무리되었지만, 미국은 곧바로 대륙회의Continental Congress(미국 13개 식민지의 통일된 입법기구)를 개최해 대륙군 결성을 결의함으로써 영국과 전면전을 예고했다.

1775년 6월 14일, 대륙회의는 대륙군 결성을 결의했다. 대륙군은 식민지의 민병과는 별도로 조직된 정규군으로서 북아메리카 전역에서 활동했다. 대륙군의 초대 사령관으로 조지 워싱턴이 임명되었다.

대륙회의 대표들은 워싱턴이 크롬웰의 전철을 밟지 않도록 대륙군의 출전에 앞서 군사회의 개최를 의무화했다. 이 때문에 워싱턴은 임으로 대륙군을 이동시킬 수 없었으며, 장교들의 동의를 얻어야만 모든 중대사를 추진할 수 있었다.

〈독립선언〉의 초안을 작성하는 독립선언위원회 위원들의 모습. 대륙회의 의장 핸콕Hancock 앞에서 독립선언의 배경을 토론하고 있다.

미국 독립전쟁

미국 독립전쟁은 크게 세 단계로 나눠볼 수 있다. 첫째 1775년 4월부터 1777년 10월까지는 북아메리카 식민지 민병대의 전략적 방어시기였다. 이 시기의 주요 전투 지역은 북부 대륙으로 영국 군의 공격이 집중되었다. 1775년 6월 17일, 보스턴 민병대가 벙커힐Bunker Hill에서 영국 군과 처음으로 교전을 벌였다. 1776년 7월 4일에 영국의 식민지였던 북아메리카가 영국의 지배에서 벗어나 독립했음을 공식 선포했다. 영국은 1777년 7월에 올버니Albany로 진격해 사태수습에 나섰다. 영국 버고인Burgoyne 장군이 군사 7,200명을 이끌고 몬트리올Montreal에서 남하를 시도했다. 그러나 뉴잉글랜드 민병대의 공격을 받고 프리먼 농장과 베미스 하이츠에서 벌어진 두 차례의 전투에서 모두 패하고 말았다. 결국, 그는 새러토가Saratoga로 후퇴할 수밖에 없었다. 미국은 바로 병력을 지원해 이 지역을 포위했다. 10월 17일에 버고인은 마침내 5,700명의 병사와 함께 항복했다. 이 새러토가 전투의 승리로 대륙군은 승기를 잡기 시작했으며 독립전쟁은 일대 전환기를 맞게 되었다.

존 트럼벌John Trumbull작 유화 〈독립 선언The Declaration of Independence〉. 비장한 각오로 프린스턴Princeton 전장에 나선 조지 워싱턴의 모습이 잘 묘사되어 있다.

1777년 10월부터 1781년 3월까지는 쌍방의 대치단계에 해당한다. 전투 지역이 남쪽대륙으로 옮겨졌으며 미국의 외교적 노력이 결실을 맺으면서 프랑스, 스페인, 네덜란드 등이 지원군을 파견했다.

1781년 4월부터 1783년 9월까지는 미국의 전략적 공격이 주효한 시기였다. 1781년 7월, 영국의 콘월리스Cornwallis 장군은 7,000명의 병력으로 버지니아 요크타운YorkTown 사수에 나섰다. 1781년 8월에 워싱턴 사령관이 이끄는 미국-프랑스 연합군이 버지니아로 남하했으며 프랑스 함대가 요크타운 외곽 해변에 도착해 영국 함대를 무찌르고 제해권을 손에 넣었다. 그리고 9월 28일에 미국-프랑스 연합군 1만 7,000명이 요크타운을 포위했다. 퇴로마저 차단된 상황에서 콘월리스는 1781년 10

월 17일에 열린 연합군의 담판회담에 참석할 수밖에 없었다. 결국, 10월 10일에 요크타운에 주둔하고 있던 영국군 8,000명과 함께 항복했다. 그 후로 몇 차례 육지와 해상에서 산발전이 벌어졌을 뿐 대규모 교전을 더 이상 발생하지 않았다. 1782년 11월 30일에 영국과 미국은 '파리조약' 초안에 서명했으며 1783년 9월 3일, 영국은 미국 독립을 공식 승인했다. 이로써 미국은 아메리카 대륙 최초의 독립 국가가 되었다.

미국의 독립전쟁은 세계 역사상 처음으로 식민지국이 종주국을 상대로 승리한 전쟁이었다. 인구 300만의 식민지국이 800만 대영제국을 상대로 8년의 전쟁 끝에 독립을 이룩하자 아메리카 대륙의 다른 국가들도 크게 고무되었다. 이는 곧 라틴 아메리카의 독립전쟁으로 이어졌다. 영국의 속박을 벗어난 미국은 급속한 경제발전을 이룩하며 세계 강국으로 발돋움했다.

웨스트포인트 육군 사관학교 창설

독립전쟁이 한창일 무렵 대륙군 사령관 조지 워싱턴은 수많은 패전의 원인이 작전 지휘의 착오에서 비롯되었음을 절감했다. 이에 그는 의회에 전문 군사학교 설립을 건의했다. 그러나 국회는 그들 옆에 '총을 든 군관'이 많아지는 것이 달가울 리 없었다. 따라서 군사학교 설립을 오히려 저지했다. 독립전쟁이 끝난 후 미국의 제3대 대통령 제퍼슨Jefferson의 집권기에 이르러서야 상비군 창설과 군사이론 연구기관 설립을 고려하기 시작했다. 1802년 3월 16일, 마침내 웨스트포인트 육군 사관학교West Point Academy 설립 법안이 의회를 통과했다.

1808년에 미국과 영국의 관계에 다시 긴장감이 감돌았다. 결국 1812년에 미-영

전쟁이 다시 발생했다. 웨스트포인트 사관학교는 이 전쟁에서 드디어 그 진가를 발휘하기 시작했다. 미국의 내권인 남북전쟁 시기에는 총 60차례에 걸쳐 대규모 전투가 발생했다. 이 중 55개 전투에 참전한 쌍방 군대의 지휘관이 모두 웨스트포인트 육군 사관학교 출신이었다고 한다. 나머지 5개 전투 가운데 4개 전투는 웨스트포인트 출신의 지휘관이 있는 군대가 승리했다. 전쟁이 끝난 1865년, 웨스트포인트 사관학교는 북부 연방군 장교 190여 명과 남부 연방군 장교 150여 명을 비롯해 양군의 총사령관을 배출했다. 웨스트포인트 사관생도들은 입버릇처럼 이

유화 〈델라웨어 강을 건너는 워싱턴〉. 1776년 12월25일 차가운 델라웨어 강을 건너 트렌턴Trenton에 주둔하고 있던 영국군을 공격하는 조지 워싱턴의 모습을 묘사했다.

렇게 말하곤 한다. "아테네는 마라톤 전투를 잊을 수 없고, 유태인은 예루살렘을 그리워하며, 미국인은 웨스트포인트를 가슴에 새기리라!"

1812년 전쟁(미-영 전쟁)

1812년부터 1815년까지 미국과 영국의 제2차 전쟁이 발발했다. 표면적인 이유는 영국이 미국 선박들을 공해公海(어느 나라의 주권에도 속하지 않으며, 모든 나라가 공통으로 사용할 수 있는 바다를 가리킴)상에서 항해하지 못하도록 한 데 대한 미국의 불만 표출이라고 볼 수 있다. 하지만, 실제로는 영국이 미국 북서부 인디언 폭동을 종용하며 무기를 공급하자 미국이 이 문제를 해결하려 나선 데 있었다. 또한, 미국이 캐나다를 차지하려는 움직임이 있었는데 이는 영국의 이권을 침해하는 것이었다. 제임스 메디슨James Madison 미 대통령은 쉽게 캐나다를 차지할 것으로 생각하고 영국에 선전포고를 했다. 그러나 해안 지방에 있는 연방 주들이 이 전쟁을 지지하지 않으면서 전쟁은 교착국면에 빠졌다.

미국은 여전히 민병대를 주력부대로 삼고 징병 여부는 연방 주에서 자체적으로 결정하도록 했다. 그러나 이러한 결정은 징병 경쟁을 부추기면서 오히려 혼란만 가중되는 역효과가 났다. 결국 국내 병력을 응집시키지 못한 데다 군관들의 무능력한 대응이 이어지면서 전쟁은 지지부진한 상태를 면치 못했다. 사실 이러한 과오는 미국의 독립전쟁 시기에 이미 표출된 문제였다.

영국과 미국은 '겐트조약Treaty of Ghent'을 맺고 전쟁을 끝냈다. 이때부터 미국은 유럽 각국의 갈등 구도에서 벗어나 독자적인 발전을 추구하기 시작했다. 미국의 군사 제도는 1812년 전쟁을 계기로 그 발전방향을 찾기 시작했다고 볼 수 있다.

인디언 학살

'블랙호크 전쟁'의 핵심인물 인디언 추장 블랙호크

미국은 독립전쟁에서 승리한 후 인디언 부족들을 서부로 이주시키기 시작했다. 1824년에 육군 소속의 '인디언 사무국'이 설치되었는데 인디언 부족들로부터 염가에 땅을 매입한 후 소위 '보호구역'으로 이들을 내쫓는 일을 했다. 이주를 거부하는 인디언은 무력으로 응징했기에 참혹한 전쟁을 피할 수 없었다.

'세미놀 전쟁Seminole Wars'은 미국과 세미놀 인디언 사이에 일어났던 3차례의 전쟁을 가리킨다. 1차 전쟁은 1817년에서 1828년에 걸쳐 발생했다. 앤드루 잭슨 장군이 세미놀족과 탈주한 흑인 노예를 잡는다는 명분으로 스페인령 플로리다를 공격했다. 인디언 촌락을 파괴하고 스페인 총독까지 내쫓자 스페인은 플로리다를 미국에 양도하고 한발 물러섰다. 미국 정부는 세미놀족에 강제이주를 요구했으나 세미놀족은 이를 거절했다. 1835년에 2차 전쟁이 발발했다. 미국은 정규군 1만 명과 민병 3만 명을 동원해 네 차례나 군대를 파병했다. 이에 맞서 세미놀족과 탈주 흑인 노예 1,000여 명이 세미놀족의 추장 오세올라의 지휘 아래 반격에 나섰다. 이들은 늪지대와 삼림을 이용해 그들보다 수배나 많은 적들에 용감하게 대항했다. 당시 미군은 군대 기율이 느슨했을 뿐 아니라 군인들은 늪지대와 삼림 적응에도 실패해 세미놀족의 게릴라전에 속

미국 남북전쟁을 묘사한 유화작품.

수무책으로 당할 수밖에 없었다. 게다가 열대의 질병까지 만연하자 전투력은 급격히 떨어졌다. 전쟁은 7년 동안 계속되었고 이 기간동안 미군 사령관이 여덟 차례나 바뀌었다. 1837년에 미군은 강화조약을 미끼로 오세올라 추장을 유인해 그를 사살했다. 수장을 잃은 인디언들은 저항의지가 한풀 꺾이게 되었다. 1842년에 미국은 전쟁 종결을 선포했다. 그러나 이번 전쟁으로 1,500명이 사망하고 2,000만 달러를 소모하는 등 막대한 대가를 치러야 했다. 미국 정부는 강제로 3,000여 명의 인디언을 서부 '보호구역'으로 이주시키긴 했지만, 여전히 수많은 인디언이 플로리다 각지에 퍼져 있었으므로 인디언 이주 계획이 성공했다고는 볼 수 없다. 3차 전쟁은 1855년부터 1858년에 걸쳐 미국이 무력으로 세미놀족을 진압하면서 발발했다. 하지만 이번에도 미국은 인디언 부족을 완벽하게 제압하지 못했다. 결국 이후에도 산발적인 충돌이 끊이지 않고 이어졌다.

특히 서부는 미국인과 인디언의 충돌이 가장 심했던 지역이다. 결국 1832년에 인디언 추장 블랙호크가 인디언들을 규합해 미국에 맞섰다. 그러나 '블랙호크 전쟁'이라 불리는 이 전쟁에서 수많은 인디언이 학살되었으며 블랙호크가 생포되면서 전쟁은 끝이 났다. 미국과 인디언의 전쟁은 인디언의 용맹성을 유감없이 보여준 동시에 미국 팽창주의의 허실을 여실히 드러냈다.

멕시코 침략

미국은 서부로 영토를 확장하는 한편, 남쪽으로는 멕시코를 침략했다. 이에 1846년부터 1848년까지 미국과 멕시코는 대규모 전쟁을 치르게 되었다.

이번 전쟁은 미국이 텍사스를 점령하면서 본격적인 막이 올랐다. 텍사스는 본래 멕시코의 영토였는데 미국이 이곳에 유령정부를 세워놓고 시간이 흐른 후에 합병해버린 것이다. 이로써 텍사스는 미국의 스물여덟 번째 주가 되었다. 1846년에 미국은 다시 멕시코를 압박해 그랜드 강Grand River을 새 국경으로 정하고 뉴멕시코와 캘리포니아를 미국에 팔도록 종용했다. 그러나 멕시코가 이를 거절하자 그해 5월 13일, 미국 의회는 멕시코 전쟁 결의안을 통과시켰다.

수차례의 격전을 치른 뒤 1848년 2월에 미국과 멕시코는 '과달루페 이달고 조약Treaty of Guadalupe Hidalgo'을 맺고 전쟁을 종결했다. 이 조약에는 멕시코가 텍사스와 뉴멕시코, 캘리포니아를 미국에 공식 양도하는 내용이 포함되었다. 당시 멕시코 영

링컨의 게티즈버그 연설. 그는 이 연설에서 "국민의, 국민에 의한, 국민을 위한 정치 이념"을 강조했다.

토의 절반 이상을 미국에 준 셈이었다. 이러한 결과를 두고 남북전쟁의 영웅이자 후에 미국 대통령이 된 율리시스 그랜트Ulysses Grant는 이 전쟁은 '강대국이 약소국에 행한 부당한 전쟁행위'였다며 미국의 팽창주의를 비판했다.

미국 내전

19세기에 미국에도 산업혁명이 시작되면서 경제가 급속히 발전했다. 서부의 방대한 영토까지 차지한 미국은 산업을 발전시키기 위해 노동력이 절실하게 필요했지만, 남부의 노예 제도가 큰 걸림돌로 작용했다. 1860년, 노예제 폐지를 주장한 링컨이 대통령에 당선되자 남부 연방 주들은 연방에서 속속 탈퇴했으며 1861년 2월에 남부연합Confederate States of America을 발족하고 제퍼슨을 대통령으로 선출했다. 그리고 그 해 4월에 남부연합이 먼저 사우스캐롤라이나 주 찰스턴에 있는 섬터 요새를 점령하면서 내전이 발발하게 되었다.

전쟁 발발 초기에는 만반의 준비로 전쟁에 임한 남부가 승기를 잡았다. 링컨은 이러한 국면을 타개하기 위해 1863년 '노예해방선언Emancipation Proclamation'을 발표하고 흑인의 북부 연합군 입대를 허용했다. 곧이어 '토지법'을 실시해 민간인이 서부 토지를 사유화할 수 있도록 허가했다. 이러한 조치가 발효된 후 북군은 전세를 점점 역전시키기 시작했다.

1864년부터 북군의 총 공격이 시작되었다. 북군의 그랜트 장군은 남군의 로버트 E. 리 장군과 격전을 벌이며 국면 전환을 꾀했다. 1865년 1월에 북군의 셔먼 장군이 북상하며 콜롬비아, 찰스턴을 차례로 점령했고 3월에 그랜트 장군과 합류해 4월 3일, 피터즈버그Petersburg를 점령했다. 결국 4월 9일, 로버트 E. 리 장군은 남군의 잔여부대를 이끌고 항복했다. 4월 14일에 링컨이 암살당했지만 4월 26일에 남군이 항복하며 내전은 종식되었다.

북군의 승리로 노예제가 폐지되면서 미국은 자본주의 발전의 최대 걸림돌을 제거했다. 산업혁명의 여파가 군사 분야에까지 미치면서 금속탄피, 후장소총 등이 전투에 사용되었다. 또한, 철도와 증기선은 병력의 빠른 이동과 집결을 가능하게 해 기동성을 높일 수 있었다. 증기철갑전함이 해전에 투입되었으며 기관총도 첫선을 보였다. 또한, 북군은 무기 부품의 규격을 통일함으로써 생산 효율을 크게 높였다.

《해상파워론Sea Power Theory》

'해상파워론'은 19세기 미국의 해군 제독이자 군사이론가 마한Marhan, Alfred Thayer이 펼친 주장이다. 해군 이론 연구에 주력했던 그는 총 20권의 저서를 남겼는데, 특히 《해상파워가 역사에 미치는 영향, 1660~1783》(1890), 《해상파워가 프랑스대혁명과 제국에 끼친 영향, 1793~1812》(1892) 등의 저

근대 해군사학자이자 해군 군사이론가인 마한. 그의 '해상파워론'은 크게 다음의 두 가지로 요약할 수 있다. 첫째는 해상파워가 내포하는 뜻과 구성요소에 대한 논술이며, 둘째는 해상파워가 역사 발전과 국가 번영에 끼친 영향이다. 마한의 해상파워 이론은 후대에 소위 '영국식 전쟁 방식' 이론의 토대를 형성했다.

술로 '해상파워론'의 토대를 형성했다. 1911년에 완성한 《해군전략》은 해군 이론의 체계를 확립한 저서로 평가받고 있다.

그는 제해권, 특히 국익과 해외무역에 직결된 주요 교통선상의 제해권을 획득하고 유지하기 위해서는 반드시 막강한 함대와 상선, 체계적인 정보망과 네트워크를 확보할 것을 강조했다. 국가의 지리위치, 자연환경, 영토범위, 인구, 민족성과 정부의 정책 등은 모두 해상파워에 영향을 끼치는 요소들로 전시와 평상시에 이러한 요소들을 강화할 필요가 있다고 주장했다. 제해권을 얻는 방법은 함대를 동원한 해전과 해상 봉쇄 등이 있으나 완벽한 제해권을 얻으려면 함대를 동원한 해전만이 답안이라고 제시했다. 또한, 해군 전략의 기본은 병력을 집중시키는 것임을 강조했다. 그는 미국이 강력한 원양함대를 창설해 카리브 해와 중앙아메리카 해협의 제해권을 확보한 후 다른 해양에 대한 제해권도 차례로 확보해야 한다고 주장했다. 이와 더불어 중국 시장을 얻기 위해서는 태평양상의 다른 열강과도 협조할 필요성이 있음을 언급했다.

마한의 '해상파워론'은 미국 자본주의가 독점화 단계에 이르렀을 때 탄생했다. 이로써 당시 미국 정부의 해양 정책과 해군 발전 계획에 이론적 근거를 제시했으며 다른 해상강국의 해양 전략에도 큰 영향을 끼쳤다.

아메리카 대륙의 독립전쟁

1810년부터 1826년까지 스페인령 라틴아메리카 식민지 국가들의 독립전쟁이 이어졌다.

멕시코 독립전쟁

나폴레옹이 스페인을 점령했다는 소식이 전해지면서 멕시코에독립운동의 바람이 불기 시작했다.

1810년 9월 16일, 돌로레스Dolores에서 시작된 이달고Hidalgo의 봉기는 멕시코 북부 전역으로 급속히 번지며 멕시코시티까지 위협했다. 혁명군은 8만에 달했으나 전쟁 경험이 부족했던 이달고는 주저하며 시간을 보내다가 공격의 최적시기를 놓치고 말았다. 일부 지역에서 승리를 거두기도 했지만 군대 지휘체계의 부재와 내부 분열로 혁명군은 점차 전투력을 상실했다. 1811년, 이달고는 매복해 있던 스페인군에 체포되어 처형당했다.

이달고가 처형된 후, 그의 제자이자 전우였던 모렐로스Morelos가 그의 과업을 계승했다. 1813년 9월, 모렐로스는 칠판싱고Chilpancingo에서 국민대표 대회를 개최하고 혁명 강령을 통과시킨 후에 멕시코 독립을 선포했다.

'멕시코 독립의 아버지'로 불리는 이달고. 그의 생전에 멕시코가 독립을 이룩하지는 못했지만 지금도 그는 멕시코인들의 존경을 한몸에 받고 있다.

1820년, 스페인 본토에 자유주의 혁명이 발생했다. 멕시코 식민당국과 크레올Creole(라틴 아메리카 현지에서 출생한 스페인계 백인) 출신의 상류층은 스페인 혁명이 멕시코 민중의 독립운동에 불을 지피게 될까 봐 두려움에 떨었다. 이에 과거 혁명군 진압의 경험이 있는 크레올 출신의 군관 이투르비데Iturbide를 앞세워 스페인으로부터의 즉각적인 독립을 선포하도록 했다. 이투르비데는 스스로 멕시코 황제의 자리에 올랐으나 2년 후 민중 봉기에 의해 실각했으며 멕시코는 비로소 공화국 정부를 수립하게 되었다.

멕시코 독립의 영향을 받은 중앙아메리카의 다른 식민지국가들도 1821년에 스페인으로부터 독립을 선포했다. 이들 국가는 잠시 멕시코에 의탁했다가 1823년에 중앙아메리카 연방공화국을 건설했다. 중앙아메리카 연방공화국은 1838년에 과테말라, 엘살바도르, 니카라과, 온두라스, 코스타리카 5개국으로 분리되었다.

라틴아메리카 북부 독립전쟁

라틴아메리카 북부지역은 무장 독립투쟁이 가장 먼저 발생한 지역으로 전쟁 또한 매우 치열했다. 가장 중요한 국가로는 베네수엘라를 꼽을 수 있다.

1810년 4월, 프랑스가 스페인을 점령했다는 소식이 전해지자 베네수엘라의 수도 카라카스Caracas에서도 민중봉기가 발생했다. 혁명군은 스페인 관료를 추방하고 새로운 카라카스 시정부를 출범시켰다. 1811년에 카라카스 정부는 의회를 열고 독립선언을 결의한 후 공화국 건립을 선포했다. 그러나 스페인군의 반격이 예상보다 거세자 혁명군의 지도자 미란다Miranda는 지레 겁을 먹고 스페인에 투항하고 말았다. 미란다의 뒤를 이어 시몬 볼리바르Simon Bolivar가 혁명군을 이끌었다. 수년 동안 격렬한 투쟁을 펼친 결과 베네수엘라는 1818년에 다시 제3공화국을 출범하게 되었으며, 볼리바르는 대통령에 선출되었다.

그 후 볼리바르는 스페인 잔여세력을 소탕하기 위한 군사행동을 개시했다. 그 결과 1822년에 라틴아메리카 북부 대부분의 지역이 스페인으로부터 독립하게 되었다.

라틴아메리카 북부 독립전쟁의 핵심 지도자 시몬 볼리바르. 라틴아메리카 대륙의 반식민 민족운동을 이끌며 '해방자(리베르타도르, El Libertador)'란 칭호를 얻었다.

라틴아메리카 남부 독립전쟁

라틴아메리카 남부 독립전쟁의 핵심에는 아르헨티나가 있었다.

1810년 5월 25일에 부에노스아이레스에서 무장봉기가 발생해 스페인 총독의 식민통치를 종식시키고 크레올 출신 독립파의 임시정부가 수립되었다. 1816년에 아르헨티나는 정식으로 독립을 선언했다.

아르헨티나 독립을 이끈 지도자는 호세 데 산 마르틴Jos de San Martn이다. 그는 페루에 있는 스페인 군의 거점을 와해시키기 위해 페루 공격을 감행했다.

1814년, 칠레 인근의 멘도사Mendoza에 본부를 세우고 '안데스 군'을 창설했다. 2년여의 노력 끝에 5,500명으로 구성된 군대가 탄생했으며 1817년에 산 마르틴이 직접 군대를 인솔해 안데스 산을 넘었다. 2월 12일에 칠레의 차카부코Chacabuco에서 스페인 군과 결전을 벌여 승리했으며 칠레 혁명군의 협조 아래 산티아고를 스페인의 통치에서 해방시켰다. 1818년 4월 5일, 마이푸Maipú 전투에서 스페인 잔여부대를 섬멸하고 마침내 칠레는 독립을 선포했다.

산 마르틴은 훗날 페루를 공격하기 위해 안데스 군과 칠레 군을 합병해 육군 4,500명을 구성하고 23척의 전함을 구비한 함대를 결성했다. 그 자신이 직접 사령관을 맡아 1820년 8월, 마침내 페루에 상륙했다. 1821년 7월, 페루의 수도 리마에 입성해 28일에 페루의 독립을 선포했다. 산 마르틴은 호국경의 자리에 올랐다.

1822년 7월, 산 마르틴은 직접 에콰도르를 방문해 시몬 볼리바르와 회견을 갖고 페루 독립과 관련해 협동작전 계획을 모색했다. 그러나 서로의 이견을 좁히지 못해 결국 아무런 성과 없이 끝이 났다. 리마로 돌아온 산 마르틴은 호국경의 자리에서 물러나면서까지 볼리바르의 출병을 촉구했다. 결국, 볼리바르는 1823년에 베

라틴아메리카 남부 독립을 위해 직접 에콰도르를 방문한 산 마르틴(우측)과 시몬 볼리바르의 회견.

네수엘라, 콜롬비아 연합군 6,000명을 이끌고 페루에 도착했다. 그리고 아르헨티나, 칠레 군과 합류해 1824년 8월, 페루의 후닌Junín에서 스페인 군 1만 9,000명을 상대로 대승을 거뒀다. 12월 9일, 에콰도르 수크레Sucre 장군이 이끄는 라틴아메리카 식민지연합군대가 페루 남부 아야쿠초Ayacucho에서 스페인 군을 크게 물리쳤다. 1825년 1월 25일, 페루는 독립을 선포했으며 독립을 이끈 볼리바르를 기념하기 위해 국명을 '볼리비아'로 개칭했다. 1826년 1월, 카야오Callao 항에 주둔하고 있던 스페인 군이 항복하면서 라틴아메리카의 독립전쟁은 막을 내렸다.

제6장

기계화 시대의 전쟁

1870년대부터 1940년대 중반에 걸쳐 공업화 사회에 진입한 세계는 '기병 시대'에 이별을 고하고 '기계화 시대'로 진입했다. 또한, 서양 자본주의는 제국주의 열강으로 변모하며 군사 기술에서 무기 장비, 군대 조직에 이르기까지 새롭게 변신한 모습으로 세계 전쟁사를 바꿔놓았다.

HISTORY OF WAR

독일과 프랑스 갈등 심화

세계 판도의 변화

1870년부터 1871년에 걸쳐 발생한 프랑스-프로이센 전쟁은 유럽 열강의 권력 판도를 완전히 바꿔놓았다. 전쟁에 승리한 프로이센은 프랑스와 '프랑크푸르트 조약'을 체결해 프랑스의 알자스와 로렌 지방을 양도받고 50억 프랑에 달하는 막대한 배상금을 받아냈다. 반면 프랑스는 수십만 대군과 수많은 무기를 잃는 엄청난 손실을 당함으로써 그 국제적 위상과 지위가 크게 떨어지게 되었다.

프로이센은 이 전쟁을 통해 경제적 이익 외에도 남북 연방을 통일해 국력이 신장되었으며 각종 무기 등 전리품까지 챙길 수 있었다. 이에 유럽의 군사 강국을 넘어 세계 열강으로 발돋움했다. 이탈리아 역시 이 전쟁을 계기로 통일을 이룩하는 수혜자가 되었으며, 러시아는 1865년 프랑스와 체결한 '파리조약'에 수정을 가해 흑해의 제해권을 되찾았다.

이러한 판도는 열강 간의 관계에 미묘한 변화를 일으키기 시작했다. 본래 프랑스의 동쪽에는 프로이센의 약소 연방국들이 분산되어 있었고, 동남쪽으로는 역

프랑스-프로이센 전쟁의 결과를 소재로 한 정치 풍자 만화. 유럽의 판도 변화를 엿볼 수 있다.

시 약소 연방에 불과한 이탈리아가 자리하고 있었다. 프로이센은 세력을 확장하기 전까지는 러시아의 서쪽에 자리하고 있었다. 약소국들은 강대국 사이에 끼어 일종의 완충지대 역할을 했다고 볼 수 있다. 그러나 프로이센의 세력이 급성장한 동시에 이탈리아까지 독립을 이룩하며 유럽에는 이러한 완충지대가 사라지고 말았다. 열강 사이의 관계는 한층 긴밀해진 동시에 긴장감이 증폭되었다.

프랑스-프로이센 전쟁의 영향을 받지 않은 유일한 국가는 영국이었다. 그러나 영국 역시 유럽 대륙의 변화된 판도에 적응하기 위한 정책 조정이 불가피해졌다.

독일과 프랑스의 전쟁 위기 고조

프랑스-프로이센 전쟁도 독일과 프랑스의 묵은 갈등과 대립을 완전히 해소해주지 못했다. 오히려 더 큰 적개심을 키우는 결과를 낳았다. 독일의 철혈재상 비스마르크는 프랑스의 재기를 막고 독일의 동맹국을 늘리기 위해 적극적인 외교전을 펼쳤다. 이는 프랑스를 유럽무대에서 고립시키려는 의도가 깔려 있었다. 비스마르크의 노력으로 1873년에 독일의 빌헬름 1세와 러시아의 알렉산드로스 3세 차르, 그리고 오스트리아 프란츠 요제프 1세가 '삼제동맹 Three Emperors' League'을 맺었다. 비록 '삼제동맹'이 내부 모순과 부조화로 그 기반이 견고하지는 못했지만 이러한 친선관계만으로도 프랑스를 유럽에서 어느 정도 고립시키는 효과를 거둘 수 있었다. 독일은 표면적으로 프랑스를 위협할 수 있는 상황을 연출할 수 있게 된 것이다.

철혈재상 비스마르크.

프랑스의 군사력이 급속히 회복세를 보이고 프랑스인들의 보복심리가 커지자 독일은 프랑스가 군사력을 완전히 회복하기 전에 다시 한 번 프랑스와의 전쟁을 벌이기로 결심했다. 유럽 대륙에는 전쟁의 그림자가 드리우기 시작했다.

프랑스는 갑작스런 전쟁을 피하기 위해 독일의 불순한 의도를 만천하에 알렸다. 이로써 독일에 불리한 여론을 조성하는 한편 프랑스에 대한 동정심을 불러일으켰다. 특히 영국과 러시아가 프랑스를 외교적으로 지지하자 독일은 결국 전쟁을 포기할 수 밖에 없었다.

'삼국동맹'과 프랑스-러시아 협약

삼국동맹 결성

러시아-투르크 전쟁은 양국이 '산스테파노 조약'을 체결함으로써 종식되었다. 후에 이 조약은 독일의 중재로 '베를린 조약'으로 수정되었다. 그러나 러시아는 독일의 배반으로 이 조약이 사실상 결렬되었다고 주장했다. 그 결과 삼제동맹이 깨지고 러시아는 보복을 다짐하며 군사력을 증강하기 시작했다.

독일은 비스마르크가 외교적 수완을 발휘하며 1879년 10월, 오스트리아-헝가리 제국과 〈독일 오스트리아 조약〉을 체결했다. 이 조약에서는 동맹국 일방이 러시아의 공격을 받을 시, 동맹국의 다른 일방이 '본국의 모든 군사력을 동원'해 지원할 것을 규정하고 있다. 또한, 단독으로 강화를 맺지 못하도록 제한했다. 이 조약은 러시아에 대항하기 위한 일종의 비밀군사동맹으로 대외 팽창의 의도가 없는 단순한 방위동맹에 불과했다. 그러나 독일을 중심으로 한 국가연맹의 성립과 유럽이 두 개의 적대 진영으로 나뉘는 데 결정적인 역할을 했다. 또한, 이와 유사한 군사동맹조약이 계속해서 출현하는 계기가 되었다. 1881년 6월에 오스트리아-헝가리 제국은 세르비아와 동맹을 맺었다. 후에 이탈리아가 독일, 오스트리아 연맹

1908년 프랑스 만화. 유럽 열강이 오스만 제국을 분할하면서 발생한 긴장 국면을 풍자했다.

에 가입하면서 1882년 5월 20일, '삼국동맹Triple Alliance'이 탄생했다.

이러한 삼국동맹은 제국주의 군사 열강의 등장을 알리며 유럽 대륙에 파란을 예고했다.

프랑스-러시아 협약의 성립

삼국동맹은 프랑스와 러시아 양국에 모두 큰 위협이 되었다. 둘 다 삼국동맹의 주요 견제 대상국일 뿐만 아니라 삼국의 군사력을 합할 경우 프랑스, 러시아 모두 그 상대가 되지 못했기 때문이었다. 유럽 각 국의 군사 균형을 유지하기 위해서라도 프랑스, 러시아 동맹의 필요성이 제기되기 시작했다.

1891년, 러시아는 프랑스 함대를 초청했다. 이를 계기로 양국은 위험 발생 시, 상호 협력하는 서면 협정을 교환하게 되었다. 이듬해 8월, 러시아와 프랑스 참모부 대표가 프랑스에서 만나 군사협정 초안에 서명했다. 1894년 초에는 양국 정부가 이를 공식 인정하면서 프랑스-러시아 협약이 체결되었다.

독일, 오스트리아-헝가리 제국, 이탈리아의 삼국동맹을 풍자한 만화. 삼국동맹은 프랑스와 러시아를 자극했고, 결국 프랑스-러시아 협약이 체결되는 동기를 부여했다.

이로써 유럽에는 삼국동맹에 대항하는 새로운 제국주의 군사집단이 등장하게 되었다. 19세기 말, 유럽은 다극화 양상에서 양극화 양상으로 발전했다. 물론 영국이 여전히 '고립주의'를 고수해 완전한 양극화는 이뤄지지 않았지만 양대 군사집단의 대립양상이 본격화된 것만은 사실이었다. 프랑스-러시아 협약은 삼국동맹과 마찬가지로 '상호 방위'를 표방했지만, 그 자체만으로 이미 세계대전의 불씨를 잉태한 위험한 신호가 아닐 수 없었다.

HISTORY OF WAR

열강의 식민지 쟁탈전

식민지 쟁탈전

19세기 말부터 서양 열강의 식민지 쟁탈전이 본격화되었다. 세계는 영국, 프랑스, 러시아, 독일, 이탈리아, 일본, 스페인, 벨기에 등의 열강에 의해 조각조각 나뉘기 시작했다. 영국은 1884년부터 1900년까지 592만km^2에 달하는 식민지를 확보했으며 식민지 인구가 5,700만 명에 달했다. 프랑스의 식민지 면적은 576만km^2, 인구는 3,650만 명이었으며 독일은 식민지 면적 160만km^2에 인구 1,470만 명, 벨기에는 식민지 면적 144만km^2, 인구 3,000만 명 정도였다.

미국은 식민지 개척의 후발주자로 볼 수 있다. 남북전쟁 후 미국은 먼로주의 Monroe Doctrine(1823년 12월2일 먼로 대통령이 발표한 미국 외교정책의 기본방향으로, 유럽과 신대륙의 체제가 다른 점을 들어 유럽 제국의 아메리카 대륙에 대한 불간섭, 아메리카 대륙의 비식민지화, 미국의 유럽 불간섭 등의 원칙을 주장함)를 표방하며 라틴아메리카 대륙에서의 패권을 공고히 하는 데 힘썼다. 그러나 미국역시 경제가 급속도로 발전하고 군사력이 증강되면서 제국주의 전쟁에 뛰어들게 되었다.

미국-스페인 전쟁

1893년 미국은 태평양의 하와이 섬을 차지했다. 그리고 스페인령 필리핀제도와 쿠바에 눈독을 들이고 있었다. 쿠바와 필리핀제도는 경제적 가치뿐만 아니라 미국이 라틴아메리카와 아시아에 진출하는 데 중요한 전략기지였기 때문이었다. 스페인은 나날이 국력이 쇠퇴했고 국제적으로도 고립된 상태였다. 게다가 필리핀제도와 쿠바는 반식민지 투쟁이 일어나 혼란한 정국이 이어지고 있었다. 이런 상황은 미국이 전쟁을 벌이기에 더 없이 유리했다. 1898년 2월 15일, 쿠바 하바나 항에 정박하고 있던 미국전함 '메인USS Maine, ACR-1호'가 갑자기 폭발하는 사고가 발생했다. 원인불명의 사고였지만 미국은 이를 빌미로 4월 25일, 스페인에 선전포고를 감행했다.

중국 분할에 혈안이 된 열강의 모습을 풍자한 만화. 당시는 중국뿐만 아니라 전 세계가 열강의 먹잇감으로 전락한 상태였다.

미국-스페인 전쟁을 그린 유화 작품.

전쟁은 미국의 일방적인 승리로 끝이 났으며 1898년 12월 10일, 미국과 스페인은 파리에서 강화조약을 체결했다. 스페인은 쿠바의 독립을 승인했으며 푸에르토리코Puerto Rico, 괌 아일랜드, 필리핀을 미국에 양도했다. 미국은 그 대가로 2,000만 달러를 스페인에 지급했다. 미국-스페인 전쟁은 세계가 제국주의 시대로 진입했음을 알리는 신호라고 볼 수 있다. 전쟁에서 승리한 미국은 제국주의 국가로서의 입지를 더욱 강화했다.

동아시아의 위기

일본의 군사력 신장

일본은 메이지유신[明治維新]이 시행되기 전까지 봉건영주들이 할거하는 가운데 쇄국정책을 고수하고 있었다. 하지만, 당시의 낙후된 군사 제도와 보잘것없는 군사 기술력으로는 서양 열강의 침략을 당해낼 수 없었다. 결국, 얼마 버티지 못하고 문호를 개방했으며 열강의 반식민지로 전락할 위기에 처했다. 그러나 메이지유신을 단행한 후부터 '부국강병富國强兵'을 기본 국책으로 삼고 근대화된 육·해군을 양성하는 등 대대적인 군사 개혁을 실시했다. 그 결과 일본의 군사력은 급속히 신장 되었다.

'대륙정책'의 대두

'부국강병'을 국책으로 삼은 메이지정부는 군사 개혁을 통해 군사력을 증강시키는 한편, 대외 팽창과 침략을 주요 내용으로 하는 '대륙정책'의 기틀을 마련했다.

일본의 내각총리대신이자 군 최고 지도자였던 야마가타 아리토모山縣有朋는 1890년 시정연설에서 다음과 같이 발표했다. "국가 독립과 자위의 길은 첫째, 주권선主權線을 수호하는 것이요, 둘째, 이익선利益線을 보호하는 것이다. '주권선'이란 무엇인가? 바로 국경을 가리킨다. 그렇다면 '이익선'이란 무엇인가? 국경의 안전과 밀접한 지역을 말한다." 그는 일본 '이익선'의 초점을 조선朝鮮에 맞추고 적극적인 행동을 취할 것을 주장했다. 〈동아시아 열강비교(원제 : 東亞列國之權衡)〉라는 의견서를 발표한 아오키 외상 또한 일본이 조선을 비롯해 만주, 러시아 임해지구를 차지해야 할 필요성을 역설했다.

일본 메이지 천황의 초상. 그의 개혁 정책으로 일본은 비약적인 발전을 이룩했으며 동아시아 최강국으로 부상했다.

일본은 헌법을 반포한 후 야마가타와 아오키의 의견서를, 제1대 내각의 시정강령施政綱領으로 삼았다. 이 의견서는 '대륙정책'이 명기되어 있다.

일본의 조선, 중국 침략

메이지정부는 '유럽이 잇아간 것을 아시아에서 취한다[失之歐洲, 取之亞洲]'라는 대외팽창전략을 세웠다. 정치, 경제, 군사 각 분야에서 낙후되어 있

메이지유신 시기의 만화. 일본의 은폐된 군국주의 경향을 보여주고 있다.

던 동아시아 지역을 식민지로 만들기 위함이었다.

이에 일본은 1875년에 두 척의 군함을 이끌고 조선의 영해를 침공했다. 일본군함은 강화도江華島를 포격하는 한편, 섬에 상륙하여 조선의 수비군을 공격하기까지 일본정부는 이 사건을 빌미로 이듬해 조선과 '강화조약江華條約'을 체결하고 조선 침략에 유리한 여러 특권을 얻어냈다. 이러한 상황에서 조선에서는 1882년에는 일본의 조선 침략을 반대하는 군병들이 한 섬에서 봉기한 임오군란壬午軍亂이 발생했다. 청나라 군대의 개입으로 군란은 곧 평정되었으나 일본은 이를 핑계 삼아 다시 조선과 '제물포조약濟物浦條約'을 체결함으로써 한성에 병력을 주둔할 수 있는 특권까지 얻어냈다. 1884년에 조선에서 갑신정변甲申政變이 일어나자 일본은 조선에 대규모 병력을 파견하는 한편, 외교상의 편법을 동원해 청나라와 '톈진조약(천진조약天津條約)'을 체결했다. 이 조약으로 인해 청나라는 조선에서의 일본의 지위를 묵인할 수밖에 없었으며, 일본은 조선 침략의 '합법'적 권리를 얻게 되었다.

1890년대 초부터 일본은 조선 침략의 행보를 가속화하고 조선을 발판으로 중국과의 전쟁을 준비하기 시작했다. 이는 청나라를 와해시키고 조선을 완전히 일본에 합병한 후, 중국대륙으로 팽창정책을 확대하기 위함이었다. 1894년 5월에 조선에 동학란이 발생하자 일본은 청나라 군대를 먼저 조선에 끌어들인 후, 이를 빌미로 대규모 병력을 조선에 파견했다. 일본연합함대가 조선반도(한반도) 해역에서 돌연 중국의 군함과 호위함을 습격하자 양국은 동시에 선전포고를 감행했다. 그러나 청나라 북양함대北洋艦隊가 전멸하고 육지에서도 연패를 거듭하자 결국 청나라는 일본과 굴욕적인 '시모노세키조약馬關條約'을 체결하게 되었다. 이후 일본은 군비 확충을 가속화하는 등 극동지역에 전쟁의 불씨를 지피기 시작했다. 극동지역은 열강들의 치열한 각축장으로 변했으며 이러한 국면은 한층 더 혼란하고 불안한 시대를 예고하고 있었다.

동아시아 패권 쟁탈

일본의 침략 행위는 극동팽창정책을 실시하고 있던 러시아를 자극했다. 러시아 차르 황제는 요동반도遼東半島를 중국에 반환하도록 일본에 압력을 가하는 등 강경한 입장을 취했다. 독일과 프랑스도 자국의 이익을 위해 러시아의 행보에 동참했다. 힘의 균형에서 밀린 일본은 결국 3국의 요구를 받아들일 수밖에 없었다. 그러나 요동반도에서 철수하는 대신 그 대가로 청나라 정부에 막대한 경제적 보상을 요구했다.

일본은 이 사건을 계기로 대륙정책과 아시아 제패에 있어 러시아가 가장 큰 걸림돌임을 확인한 섬이 있다. 1900년에 제정러시아는 중국의 요청으로 '의화단' 진압을 위해 출병했다. 러시아는 이 기회를 놓치지 않고 중국의 동북지방을 차지했다. 이 지역은 일본이 중국에 억지로 반환한 요동반도도 포함된 곳이었다. 일본은 러시아의 행보에 위기감을 느꼈다. 러시아를 제압해야 한반도와 중국에 대한 일본의 입지를 확고히 할 수 있었기 때문이었다.

러일 전쟁

1904년 2월, 일본은 인천과 중국 뤼순[旅順]에 주둔하고 있던 러시아 군대를 습격했다. 이에 러시아 니콜라이 2세 황제가 일본에 선전포고를 했고 일본 천황도 러시아에 선전포고를 함으로써 러일 전쟁이 발발했다.

일본은 이미 철두철미하게 전쟁을 준비한 상태였기에 러시아는 고전을 면치 못했다. 특히 쓰시마 해전[對馬海戰]에서 패배하고 러시아 내부 갈등까지 격화되자 니콜라이 2세는 허둥지둥 전쟁을 마무리하려 했다. 일본 입장에서도 전쟁을 지속하기에는 무리가 있었다. 결국 양국은 미국 루스벨트 대통령의 권고를 받아들여 1905년 9월 5일, '포츠머스 조약'을 체결하고 전쟁을 종결지었다.

미국의 중재로 〈포츠머스 조약〉을 체결하는 일본과 러시아.

일본은 한반도에 대한 절대적 지배권을 확보했으며 요동반도도 되찾았다. 또한, 러시아 해군을 격퇴해 영국에 버금가는 해상파워를 인정받게 되었다.

파장과 영향

러일 전쟁은 자본주의가 제국주의로 발전하는 과도기에 발생한 전쟁이라는 점에서 중요한 의의가 있다. 일본과 러시아 모두 새로운 군사 기술과 작전 방식, 전략 전술을 선보이며 전쟁사를 새로 썼기 때문이다.

신무기, 신기술의 등장

러일 전쟁에는 신식 무기와 새로운 군사 기술이 폭넓게 운용되었다. 일본과 러시아 모두 탄창 자동소총으로 무장했으며 속사포와 기관총도 광범위하게 사용했다. 근대적 의미의 박격포도 선보였으며 원거리탐조등, 계류기구繫留氣球(강철 따위의 줄로 잡아매어 공중에 띄워 두는 기구. 광고, 관측, 신호, 정찰 따위에 쓰임) 등도 처음 등장했다. 통신 분야에 있어서는 전

러일 전쟁에서 일본이 승리하자 유럽 열강은 큰 충격을 받았다. 이 만화는 이러한 당시 유럽의 분위기를 잘 대변해 주고 있다.

보, 전화가 보편화되었고 무선전신이 전장에서 사용되기 시작했다. 러시아는 시베리아 철도 개통으로 대규모 병력 이동과 장비 운송이 등장했다.

해군에서는 전열함戰列艦이 양군의 주력 함대를 구성했으며 구축함驅逐艦, 부설잠수함 등 신식전함도 전장을 누비게 되었다.

현대식 전투의 작전모델 등장

러일 전쟁에서 양국은 각각 100만 명이 참전했다. 8개 군단이 한 전투에서 대치하는 경우도 발생했다. 모든 전장에서 보병, 포병, 항공기를 동원해 적의 방어벽을 동시에 무너뜨리는 종심전투Deep Battle가 새로운 작전모델로 채택되었다.

러일 전쟁 중의 일본 야전병원

육군 공수전술의 발전

러일 전쟁에서 러시아는 수비, 일본은 공격에 주력했다.

수비 전술에 있어 러시아는 먼저 벙커, 엄폐호, 참호, 교통호로 구성된 야전방어 시설을 선보였다. 일본군이 애용했던 측면공격, 우회공격, 포위공격 등을 막기 위해 광정면방어진지Extended Defense를 구축했으며 야전방어기지를 세우기 위해 대규모 토목공사를 실시하고 철망과 같은 장애물을 동원했다. 또한, 대포와 기관총을 진지에 대거 배치해 막강 화력을 갖춘 난공불락의 보루를 형성했다.

공격 전술에 있어 일본은 러시아 수비진영의 막강한 화력을 무력화시킬 수 있는 다양한 변칙공격을 시도했다.

먼저 오랜 시간을 두고 러시아의 방어시설을 파괴할 강도 높은 무기를 준비했다.

러시아 대포 공격의 피해를 최소화하기 위해 최대한 간격을 넓혀 이동했다.

또한, 적진의 지형을 정확히 파악한 후, 몸을 은폐하며 적에 접근을 시도한 후 측면, 우회, 포위공격을 감행했는데 주로 야간에 공격을 시도했다.

포병은 적은폐된 곳에서 적진에 집중 사격을 실시했다. 통신기술이 발달하면서 다양한 포병전술 운용이 가능해졌다.

해군작전 이론의 발전

러일 전쟁에서는 대구경 원거리함포가 주요 공격무기였다. 일본은 쓰시마 해전에서 'T(알파벳 T)'자형 전투대형을 선보였다. 일본과 러시아 모두 야간전투를 선호했다. 이러한 전술과 전략은 모두 훗날 해군작전 이론에 큰 영향을 끼쳤다.

영국이 러일 전쟁에서 일본을 지지하고 있음을 암시하는 만화.

HISTORY OF WAR

영국의 정책 변화

영국과 독일의 패권 쟁탈

1890년, 비스마르크가 재상에서 물러난 후, 독일 빌헬름 2세는 무력으로 식민지를 개척하며 세계 제패의 야망을 드러냈다. 그의 기존의 '육군' 위주의 전술을 '해군' 위주로 바꾸었다.

빌헬름 2세가 해군을 중시한 이유는 당시의 최강 해군 국가였던 영국의 손에서 해상패권을 쟁탈하는데 있었다. 그는 "지금은 영국 함대에 동맹 따윈 필요치 않을 것이다. 그러나 독일이 함대를 보유하는 20년 후가 되면 분명 입장이 달라질 것이다."라며 영국에 도전장을 내밀었다.

영국의 정책 변화

독일의 이러한 행보에 자극을 받은 영국도 군사 전략을 수정하기 시작했다. 1902년에 영국은 마침내 일본과 동맹협정을 체결했다. 영국은 극동지역에서 일본 해군의 지원을 받을 수 있게 됨에 따라 해군의 전력을 부담을 많이 줄

독일의 세계 제패 야망을 풍자한 만화.

일 수 있었다.

영일동맹의 체결은 영국이 기존의 '고립주의'를 포기하고 동맹의 반열에 들어섰음을 상징한다. 1904년에 독일은 '대양함대Hochseeflotte(대해함대, 외해함대)'를 창설해 영국을 자극했고 영국도 해군을 재정비하는 한편, 프랑스, 러시아로 동맹관계를 확대했다.

연합국 세력의 등장

1904년 4월, 영국과 프랑스는 '영국-프랑스 화친협정Entente Cordiale'을 체결함으로써 쌍방의 식민지 분쟁을 해결했다. 공동의 이익 앞에 양국이 손을 맞잡은 것이었다.

러일 전쟁의 패배로 국력이 급격하게 쇠퇴한 러시아는 식민지 쟁탈전에서 이미 영국의 상대가 되지 못했다. 그러나 영국은 러시아와 동맹을 맺고 공동의 적인 독일에 대항하고자 했다. 당시 프랑스는 영국과 러시아 모두와 동맹관계에 있었다. 결국 프랑스의 주도로 영국과 러시아는 '영국-러시아 화친협정'을 체결하고 식민지 분쟁을 일단락 지었다. 1908년에 영국의 에드워드 7세 국왕은 러시아 니콜라이 2세 차르와 만나 독일과의 전쟁에 대한 의견을 교환했다. 또한 프랑스와 러시아의 양국 총사령관도 회담을 가졌다. 이 회의에서 양국은 독일이 일단 영국에 공격을 감행하면 양국 모두 즉각적인 원조를 하는데 합의했다.

'영국-러시아 화친협정'으로 '연합국(협정국, 협상국)'이란 군사집단이 탄생했다. 이로써 국제사회는 독일 중심의 동맹국과 영국 중심의 연합국 양대 세력의 대립이 가시화되었다. 유럽은 명실상부한 양극 체제에 돌입했으며 양대 군사세력은 경쟁적 군비확충을 시작했다. 유럽 전역에는 군국주의의 그림자가 드리워졌다.

영국과 프랑스의 화친협정 체결에 독일이 우려하고 있음을 풍자한 만화

HISTORY OF WAR

제1차 세계대전

유럽의 양대 군사세력이 전쟁준비에 여념이 없을 무렵, 국제사회에는 국지적인 충돌이 빈번하게 발생했다. 1905년, 1908년, 1911년 세 차례에 걸쳐 발생한 '모로코 사건(모로코 지배를 놓고 독일과 프랑스가 벌인 분쟁)'과 1908년에서 1909년에 불거진 '보스니아 위기(오스트리아-헝가리 제국이 보스니아-헤르체고비나를 합병해 세르비아의 저항을 불러일으킨 사건)', 그리고 1911년에서 1912년에 발생한 이탈리아-투르크 전쟁 등은 모두 양대 군사세력 간의 견제와 긴장이 고조되면서 발생했다고 볼 수 있다. 여기에 1912년부터 1913년까지 두 차례 '발칸 전쟁(발칸 반도의 국가들이 동맹을 맺고 오스만 제국을 공격한 1차 전쟁과 전쟁 종식 후 오스만 제국의 영토 분할을 놓고 다시 동맹국들끼리 충돌을 빚은 2차 전쟁으로 구분함)'이 발생하며 유럽 대륙의 긴장감은 최고조에 달했다. 발칸 반도는 유럽의 최대 화약고로 변해 일촉즉발의 위기를 예고하고 있었다.

발단

1914년 6월, 오스트리아-헝가리 제국은 세르비아와의 충돌을 가상해 세르비아와 가까운 보스니아에서 군사훈련을 실시했다. 오스트리아 황태자 프란츠 페르디난트 대공 내외가 보스니아의 수도 사라예보에 거행된 군대사열에 참가하기 위해 6월 28일 이곳을 방문했다. 그러나 세르비아의 한 민족주의자 청년이 이들 내외를 암살하는 사건이 발생했다.

세르비아 민족주의자 청년의 피습을 받은 페르디난트 대공 내외. 이 사건은 세계 1차 대전의 발단이 되었다.

이 사건은 오스트리아-헝가리 제국이 세르비아를 공격할 수 있는 더없이 좋은 빌미를 제공했다. 독일의 암묵적인 동의를 얻은 오스트리아-헝가리 제국은 7월 28일에 세르비아에 공격을 개시했다.

전쟁 발발

오스트리아-헝가리 제국이 셀비아를 공격한 후 러시아, 독일, 프랑스, 영국 등이 차례로 이 전쟁에 개입했다. 전쟁 양상은 독일, 오스트리아-헝가리 제국의 동맹국 진영과 영국, 프랑스, 러시아 등 연합국 진영으로 나뉘어 극명하게 대립했다. 1차 세계대전은 이렇게 시작되었다.

그러나 삼국동맹의 일원인 이탈리아는 조금 다른 행보를 취했다. 전쟁이 발발

1차 대전 시기의 미국의 홍보물. 미국이 영국 편에 서서 연합군의 일원으로 유럽 전쟁에 참전하려는 의도를 읽을 수 있다.

하자 이탈리아는 독일과 오스트리아-헝가리 제국의 상황이 '자국 방위'에 근거하지 않은 점을 들어 참전을 보류하고 중립을 선언했다. 그러나 한편으로는 연합국 진영과 암암리에 거래를 추진하고 있었다. 이탈리아는 연합국 진영이 이탈리아의 영토관련 요구를 들어줄 것을 수락하자 삼국동맹을 배반하고 연합국의 일원으로 참전했다.

곧이어 일본이 역시 연합국의 일원으로 참전했으며 투르크는 동맹국 편에서 참전했다. 전쟁이 계속되면서 참전국은 더욱 늘어나 1918년에는 30여 개국에 이르렀다. 전쟁은 유럽에서 아시아, 아프리카, 아메리카 대륙으로까지 확대되었다.

주요 전투

1차 세계대전은 1914년 8월에 발발해 1918년 11월에 종식되었다. 4년 3개월 동안 지속된 전쟁에서 주요 전투를 꼽아보면 다음과 같다.

마른 전투Battle of the Marne

마른 전투는 1차 세계대전 중 서부전선의 첫 번째 전투로 1914년 9월 5일에 시작해 9월 11일에 끝이 났다. 영국-프랑스 연합군과 독일군 사이에 벌어졌으며 쌍방에서 투입된 병력이 200만 명을 넘어섰다. 영국-프랑스 연합군이 26만 3,000명, 독일군이 25만 명의 사상자를 낸 끝에 결국 연합군의 승리로 끝이 났다.

당시 독일은 벨기에와 프랑스 북부지역을 점령하고 파리로 진격하고 있었다. 프랑스군은 신속한 반격을 통해 파리의 함락을 막아냈다.

1918년 7월, 2차 마른 전투가 발발했다. 서부전선의 독일군이 마지막으로 대규모 공격을 감행한 전투로 프랑스군을 주축으로 한 연합국 군대가 독일군을 물리치고 승리를 거뒀다.

솜 강 전투Battle of Somme

솜 강 전투는 1차 세계대전 당시 최대 규모의 전투로 꼽힌다. 영국과 프랑스 양국이 독일군의 방어선을 뚫고 독일군을 프랑스, 독일 국경지대까지 밀어붙인 가운데 솜 강 유역에서 대치했다. 이 전투에서는 최초로 탱크가 사용되었으며 쌍방 진영을 합쳐 총 30만 명의 사상자를 냈다.

솜 강 전투는 연합국의 군사, 경제적 우위를 보여준 전투였다. 영국과 프랑스가 솜 강 전투에서 독일군을 대파하면서 독일군의 사기는 크게 떨어졌으며 이는 결국 베르됭 전투의 패배로까지 이어졌다. 독일군은 대규모 정예부대를 잃고 이를 제때에 충원하지 못함으로써 열세에 처할 수밖에 없었다.

베르 전투Battle of Verdun

1차 세계대전에서 최장 시간에 걸쳐 가장 큰 파괴력을 보여준 전투가 바로 베르됭 전투였다. 1916년 2월 21일에 시작되어 12월 19일에 끝날 때까지 독일과 프랑스는 100여 개 사단을 투입했다. 이 전투에서는 25만 명이 사망하고 50여만 명이 부상을 당했다. 프랑스 사상자는 46만 명에 달했으며 독일도 막대한 손실을 보았다.

베르됭 전투에서마저 패배한 독일은 엄청난 인적, 물적 손실을 감수해야 했다. 결국 독일 내부에서도 반전의 목소리가 높아졌다. 그러나 강화를 주장한 베트만 홀베크Bethmann Hollweg 총리가 해임된 후 등 내부 갈등은 더욱 격화되었고 전세는 이미 연합군 쪽으로 기울어졌다.

1915년 독일의 홍보물. 거미는 영국, 왕관을 쓴 독수리는 독일을 상징한다. 영국을 무시하는 독일의 의도가 드러나 있다.

유틀란트 해전Battle of Jutland

독일에서는 스카게라크Skagerrak 전투라고 부르고 있다. 영국과 독일이 덴마크 유틀란트 반도 북해 해역에서 충돌한 전투로 1차 세계대전의 전투 가운데 유일한 해전에 해당한다. 쌍방의 주력 함대가 총출동했으며 양국 모두 자국이 승리했다고 주장하고 있다.

라인하르트 셰어 제독이 이끄는 독일의 대양함대는 자국 전함의 손실보다 더 많은 영국 전함을 격침시킨 사실을 들어 승리를 주장한 반면, 영국의 젤리코 제독은 독일 함대를 해상에서 성공적으로 봉쇄했다며 승리를 주장했다.

이후 독일 함대는 연합국 함대와 정면충돌을 피하고 잠수함에만 의존했다.

비참한 결말

1918년 11월 11일, 독일은 연합국과의 정전협정에 서명했다. 이 협정에 따라 독일은 모든 점령지에서 철군하고 대포 5,000대, 기관총 2만 5,000개, 그리고 대양함대의 모든 전함과 잠수함을 내놓는데 합의했다. 이로써 1차 세계대전은 끝이 났지만 참전국 모두 막대한 손실을 입었다. 전쟁이 지속된 4년 3개월 동안 약 1,000만에서 1,300만 명이 사망했고 부상자 수는 2,000만 명을 넘어섰다(사망자는 독일 200만 명, 러시아 175만 명, 프랑스 150만 명, 영국 100만 명 등으로 집계되었다). 전쟁 물자조달에 3,380억 달러가 소모되었으며 공장, 철도, 교량, 가옥들이 파괴되어 수많은 도시가 잿더미로 변했다.

베르사유 평화조약

1919년 6월 28일, '베르사유 평화조약'이 체결되었다. 패전국 독일은 총사령부를 비롯해 대부분의 군대를 해산하고 의무병역 제도를 폐지했다.

1차 대전이 끝난 뒤 〈베르사유 조약〉 체결 현장.

따라서 육군은 10만 명, 해군은 1만 5,000명 이상 보유할 수 없게 되었다. 또한, 중형무기의 생산을 금지하고 비행기도 보유할 수 없게 되었다. 다만, 1만 톤 이상의 전열함, 순양함의 경우 6척 이하, 구축함과 어뢰정은 12척 이하만 보유가 가능했다. 잠수정과 1만 톤 이상의 전함은 보유할 수 없도록 했다.

HISTORY OF WAR

제2차 세계대전

전후위기감 고조

1차 세계대전이 끝난 후, 세계 판도에 큰 변화가 일어나긴 했지만, 전쟁의 불씨가 완전히 사라진 것은 아니었다. 제국주의 국가 간의 갈등과 모순이 해소되기는커녕, 오히려 더 가중되는 결과를 낳았기 때문이었다. 승전국과 패전국 간의 갈등이 깊어진 것은 물론, 승전국 간에 이익 분배를 둘러싼 새로운 갈등이 증폭되었다.

참전국들의 경제와 군사력이 회복세로 돌아설 무렵 갈등의 골은 더욱 깊어졌다. 열강 간 식민지 쟁탈전이 격화되며 군사 경쟁으로 번질 조짐까지 보였다. 특히 독일, 이탈리아, 일본 등 파쇼국가들은 팽창주의정책을 노골적으로 추진하기 시작했다.

2차 대전의 발단

1929년부터 1933년에 걸쳐 자본주의 국가에 경제 대공황이 발생했다. 독일, 이탈리아, 일본 등은 경제 위기와 정치 위기를 극복하는 수단으로 세계 각지에서 침략 전쟁을 일으켰다. 결국 또 다시 세계대전이 발발하게 되었다.

1931년에 일본은 선전포고도 없이 중국의 동북 지방을 점령했다. 1935년에는 이탈리아가 에티오피아를 침략했으며 1936년에 독일, 이탈리아가 스페인에 무력을 동원해 내정간섭에 나섰다. 1937년에는 일본이 다시 '루거우차오 사건盧溝橋事件(1937년 7월 7일에 베이징 교외 루거우차오에서 일어난 중일 양국 군의 무력 충돌사건)'을 빌미로 중일 전쟁을 일으켰으며 1938년과 1939년에 독일은 오스트리아와 체코슬로바키아를 점령했다.

1937년 11월에 독일, 이탈리아, 일본은 '베를린-로마-도쿄'를 잇는 군사동맹을 결성했다. 당시 영국과 프랑스는 이들의 팽창주의 정책을 그대로 방관했으며, 미국 역시 '물 건너 불구경'인 양 모른 척했다. 미국은 오히려 독일과 이탈리아, 일본의 총대가 소련 쪽으로 향하기를 은근히 바라고 있었다.

독일, 이탈리아, 일본의 동맹을 풍자한 만화.

전쟁의 발발과 확대

제2차 세계대전은 1939년 9월 1일에 독일이 폴란드를 침공하자 영국과 프랑스가 독일에 선전포고를 함으로써 발발했다. 1940년에 독일은 덴마크, 노르웨이, 네덜란드, 벨기에, 룩셈부르크를 점령한 데 이어 프랑스 본토를 공격해 프랑스의 항복을 받아냈다. 1941년에는 불가리아를 시작으로 유고슬라비아와 그리스까지 독일에 점령당하고 말았다. 이 틈을 노려 이탈리아는 지중해, 북아프리카 일대의 영국과 프랑스 식민지를 차지했다.

1941년 6월 22일에 독일이 '독일-소련 불가침조약'을 무시한 채, 소련을 침공하자 이탈리아, 핀란드, 헝가리, 루마니아까지 소련과 전쟁을 일으켰다.

1941년 12월에 일본은 미국의 진주만을 습격했다. 이로써 태평양 전쟁이 발발하게 되었다. 일본은 필리핀을 비롯해 태국, 말레이시아, 싱가포르, 미얀마, 네덜란드령 동인도(지금의 인도네시아)와 태평양상의 수많은 섬을 차례로 점령했다. 일본의 진주만 습격을 계기로 미국이 전쟁에 참전하게 되었다.

2차 대전 종식

1941년 10월에 소련, 미국, 영국의 수뇌가 모스크바에서 회담을 열어 연합전선을 모색했다. 1942년 1월에는 미국, 영국, 오스트레일리아, 인도 등 26개국 대표가 '연합국 선언Declaration by United Nations'에 서명함으로써 연합국의 대반격이 시작되었다.

1941년 겨울, 소련군이 모스크바 방어전에서 독일군을 무찌르고 승기를 잡았다. 1942년에는 스탈린그라드Stalingrad를 공격해 독일군을 섬멸하면서 전세가 역전되었다.

영국과 미국 연합군은 북아프리카에 상륙해 독일, 이탈리아 군을 몰아냈으며

연합군의 노르망디 상륙작전.

시칠리아 상륙작전이 성공하면서 1943년 9월 3일에 이탈리아가 먼저 연합군에 백기를 들었다.

1944년 6월, 영국과 미국 연합군은 노르망디 상륙작전을 감행했다. 소련은 동유럽에서 독일군을 몰아냈다. 1945년에 영미 연합군과 소련군이 독일 본토에 입성했다. 5월 2일에 소련군이 베를린을 점령하자 독일은 결국 무조건항복을 선언했다.

이어 영미 연합군은 일본에 대한 공세를 강화했다. 1945년 8월 6일, 미국이 히로시마廣島에 원자폭탄을 투하하고 8월 9일 나가사키長崎에 두 번째 원자폭탄을 투하하자, 일본은 8월 15일에 결국 항복을 선언했다. 9월 2일 일본이 공식적으로 항복을 선언하면서 2차 대전은 마침내 종식되었다.

2차 대전의 결과

2차 세계대전은 현대 전쟁사상 최장 시간, 최대 규모의 전쟁이었다. 참전국, 참전 인원이 가장 많았던 것은 물론 경제손실, 사상자 수에서도 최고 수치를 기록했다. 영국, 미국, 프랑스, 소련 등의 연합군이 독일, 이탈리아, 일본을 물리치고 승리를 거뒀으며 향후 세계 판도에 큰 변화를 몰고 왔다.

제7장

핵시대의 전쟁

1950년대부터 1980년대 초까지 원자폭탄, 수소폭탄, 중정자탄 등이 속속 발명되면서 전 세계가 '핵겨울(Nuclear winter, 핵전쟁으로 야기된 먼지와 연기가 대기 중에서 햇빛을 차단해 추운 날씨가 계속되는 상태)'의 공포에 사로잡혔다. 이러한 핵무기들이 3차 세계대전의 위기감을 고조시키고 있는지도 모른다.

HISTORY OF WAR

냉전의 시대

윈스턴 처칠의 '철의 장막' 연설

1946년 1월, 트루먼 대통령의 요청으로 윈스턴 처칠 영국 전 총리가 미국을 방문했다. 3월 5일에 그는 미주리 주 풀턴 시에 소재한 투르먼의 모교 웨스트민스터대학교에서 '평화의 원동력Sinews of Peace'이란 제목으로 연설했다.

이 연설을 통해 그는 소련의 '팽창주의'를 공개적으로 비판했다. "발트 해의 슈체친으로부터 아드리아 해의 트리에스테까지 유럽 대륙을 가로지르는 철의 장막이 드리워져 있다. 철의 장막 뒤로 중유럽과 동유럽의 대부분 국가가 자리한다. 바르샤바, 베를린, 프라하, 빈, 부다페스트, 베오그라드, 부카레스트Bucharest(루마니아의 도시), 소피아Sofia(불가리아의 수도) 등 수많은 도시가 소련의 핍박을 당하고 있다……." 처칠은 소련의 팽창주의를 방관해서는 안 되며, 영국과 미국이 연합해 소련의 이러한 팽창주의를 제지해야 한다고 강조했다.

처칠의 연설이 있은 지 얼마 안 되어 스탈린은 처칠의 행보가 히틀러나 다름없다고 강력히 비판했다. 트루먼 대통령은 처칠의 입을 통해 먼저 '냉전'시대를 예고한 것인지도 모른다.

소련 '봉쇄'

처칠의 트레이드마크 'V' 사인. 그는 공산주의를 반드시 근절해야 한다고 주장했다.

1946년 2월 22일에 소련 주재 대리대사로 모스크바에서 근무하던 조지 캐넌George F. Kennan이 5,542개의 단어로 작성한 '511호 전보'를 미 국무원에 발송했다. 이 전보는 후에 미국 냉전 정책의 기조를 형성했다.

통칭 '긴 전문Long Telegram'으로 불리는 이 전문에서 캐넌은 소련의 팽창 정책에 더욱 적극적으로 대처할 것을 호소했다. 그는 소련의 팽창정책을 저지함에 있어 외교, 정치, 경제 수단을 주로 이용하고 군사 수단은 동원할 수 있으나 주요 수단이 되어서는 안 된다고 강조했다. 미국 정부가 그의 의견을 수용함으로써 미국은 소련에 소위 '봉쇄containment' 정책을 실시하게 되었다.

냉전 시작

미국의 트루먼 대통령은 1947년 3월 12일에 열린은 의회 양원 연석회의에서 훗날 '트루먼 독트린Truman Doctrine'으로 이름 붙여진 미국의 반공산주의 외교정

2차 세계대전 당시 일본의 히로시마에 투하된 원자폭탄. 이는 핵무기 시대의 도래를 알리는 신호탄이었다.

책을 발표했다. 그 뒤를 이어 그리스, 터키 원조 법안이 각각 통과되었다. 미국은 총 4억 달러의 자금을 그리스와 터키 정부에 지원해 공산주의 혁명을 진압하도록 했다. '트루먼 독트린'이 발효된 후부터 미국과 소련의 본격전인 냉전이 시작되었다고 볼 수 있다.

공포의 핵 균형

소련의 핵전력이 강화되면서 미국은 핵무기 독점에 실패했다. 핵무기의 탄생은 지리적으로 멀리 떨어져 있으면 전쟁의 위험에서 비교적 자유로울 수 있었던 구시대 전쟁의 이점을 사라지게 만들었다. 미소 양국은 모두 핵전쟁의 위험에 그대로 노출되었다. 이에 양국이 첨예한 대립 속에서도 군사 수단보다 정치 수단을 통해 상대방을 제압하려는 노력을 게을리하지 않았다. 상호 대화가 재개되고 화해 무드가 형성되었지만, 그 한계를 극복하기에는 어려움이 따랐다. 양국 관계는 여전히 불안정했으며 군비경쟁과 군사대치 상황이 계속되었다. 1958년에 '베를린 위기(소련이 서베를린을 서방국가에서 독립시키기 위해 취했던 봉쇄조치)'가 재연되고 1962년에 '쿠바 미사일 위기Cuban missile crisis(소련이 쿠바에 핵미사일 기지를 건설하려는 계획을 둘러싸고 미소 양국이 첨예하게 대립했던 사건)'가 발생하자 미국과 소련의 갈등은 최고조에 달했다.

1960년대에 들어서면서 미소 양국 모두 상대를 완전히 파멸시킬 수 있는 핵전력을 갖췄다. 이로써 살얼음판을 걷는 듯한 공포의 핵 균형 상황이 나타났다. '쿠바 미사일 위기' 이후 핵 대결의 위험성은 더욱 높아졌다. 이후 영국, 프랑스, 중국도 차례로 핵무기 기술을 보유하게 되었다. 이에 미소 양국은 첨예한 대립관계 속에서도 핵 전쟁을 피하고 군비경쟁을 줄이기 위한 진지한 대화를 이어갔으며 동서 관계에 점차 화해 무드가 조성되기 시작했다.

냉전 종식

1980년대 후반에 들어서면서 동서 냉전관계는 눈에 띄게 개선되었다. 미소 양국은 일련의 군비삭감협정을 체결해 더 이상 의미 없는 핵 경쟁을 중단하고 상비군의 규모도 줄여나갔다.

때를 같이해 소련 내부에 변혁의 바람이 불기 시작했다. 1989년에 동유럽 국가의 정권들이 속속 교체되고 1990년에 독일이 통일을 이룩하면서 1991년, 마침내 구소련이 해체되었다. 1991년에는 바르샤바조약기구도 해산되어 냉전시대는 막을 내렸다. 미국은 여전히 슈퍼 강국으로 건재함을 과시했다.

구소련의 고르바초프 대통령. 그는 '페레스트로이카(개혁)', '글라스노스트(개방)' 등 신사고로 소련의 전환기를 꾀했다. 결국, 소련이 해체되면서 냉전시대는 막을 내렸다.

포스트 냉전 시대

냉전시대에는 군사능력이 세계 판도에 큰 영향을 미쳤다. 미소 양국은 과도한 군비경쟁에 돌입했다. 그러나 세계대전을 치르지 않고 냉전이 종식되면서 국제사회에는 평화 무드가 조성되었다. 이는 세계대전의 가능성이 더 낮아졌음을 시사한다. 그러나 국지적인 충돌이 여전히 존재하고 각국의 군사력에도 변화가 생기면서 새로운 국제질서의 형성되기 시작했다.

HISTORY OF WAR

한국 전쟁

2차 대전이 종식된 후, 북위 38° 선을 경계로 한반도는 남북한으로 갈라졌다. 그 후에도 한반도는 여전히 팽팽한 긴장감이 감돌았다. 결국 1950년 6월 25일에 한국 전쟁이 발발했다. 미국의 트루먼 대통령은 즉각 극동지역에 주둔하던 미 해군과 공군을 한반도에 투입하는 한편, 제7함대를 타이완 해협에 주둔시켰다.

연합군 사령관 맥아더 장군

미국의 개입

한국 전쟁이 발발하자 미국은 '연합군'을 규합해 참전했다.

전쟁이 시작되고 한 달 만에 북한 인민군은 거침없이 남하해 8월 초에 낙동강변까지 도달했다. 한반도 서남

한반도로 진격하는 중국 인민지원군. 중국의 출병은 미국이 전혀 예상치 못한 돌발 상황이었다.

일대는 모두 북한 인민군이 차지했으며 한국군과 연합군은 낙동강 동쪽 부산을 비롯해 주변지역으로 밀려났다.

그러나 연합군 병력이 한반도에 대거 충원되면서 북한 인민군은 수적 열세에 놓이게 되었으며 전쟁은 교착상태에 빠졌다.

인천 상륙

9월 15일에 미군의 인천상륙작전 성공으로 남한은 서울, 수원 등을 되찾았다. 곧이어 한반도 남단의 한미 연합군이 전면적인 반격에 나서면서 북한 인민군은 후퇴하기 시작했다. 9월 28일에 연합군은 서울을 수복하고 9월 말과 10월 초에 걸쳐 38도선 근처까지 회복했다. 10월 19일에는 드디어 평양을 점령하고 25일에는 중국 변경지대에까지 도달했다. 미군은 북한 인민군이 완전히 와해된 것으로 여겼다.

중국의 개입

북한은 곧 중국에 원군을 요청했다. 중국은 자국의 동북지방의 안전을 고려하고 동북아 정세 안정을 꾀한다는 명목으로 지원군을 파견했다.

중국의 마오쩌둥毛澤東 주석은 펑더화이彭德懷를 사령관으로 임명하고 10월 8일을 기해 지원군을 파견했다. 중국 인민지원군은 19일 밤, 압록강을 건너 북한에 도착했다. 인민지원군의 참전으로 전세는 또다시 역전되었다.

1950년 10월에서 1951년 6월에 걸쳐 중국 인민지원군은 다섯 차례 전투를 감행해 압록강에서 삼팔선 인근까지 다시 치고 내려왔다.

전쟁 종식과 영향

1953년 7월 27일에 북한 인민군 총사령관 김일성, 중국 인민지원군 총사령관 펑더화이, 그리고 연합군 총사령관 클라크가 판문점에서 정전협정에 서명했다. 이로써 한국 전쟁은 종식되었지만, 한국은 정전협정 서명을 거부했다.

한국 전쟁은 2차 세계대전 후, 처음으로 발생한 대규모 국지전이었다. 미국은 수십만 병력을 투입하고도 완벽한 승리를 거두지 못했다. 한국 전쟁으로 동아시아의 정국과 군사 판도에 일대 변화가 일어났다.

베트남 전쟁

제네바 협정(1954)에 따라 베트남은 북위 17°를 경계로 북베트남과 남베트남으로 갈라졌다. 북베트남은 호치민, 남베트남은 바오다이 황제가 다스리게 되었다. 그러나 1955년에 고딘디엠이 쿠데타를 일으켜 베트남공화국 정부를 수립했다.

내부적 갈등

1959년에 북베트남의 베트콩은 남베트남을 무력통일하기 위해 대규모 군대를 출병했다. 1960년에 베트남민족해방전선이 정식 출범했는데 실제로는 베트콩의 통제를 받고 있었다. 미국이 군사 지원을 해주고 있었지만, 정치적으로 부패했던 고딘디엠은 이미 민심을 잃은 뒤였다. 그 결과 베트남민족해방전선이 베트남 남부 촌락 대부분을 장악했다.

전쟁 발발

남베트남 군대의 오스트레일리아 교관. 베트남 전쟁에 많은 서방 국가가 참전했지만, 그 결과는 실망스러웠다.

1961년 5월에 고딘디엠 정부를 지원하고자 미국 케네디 대통령이 특수부대를 파견해 남베트남에 주둔시켰다. 일반적으로 이를 베트남 전쟁의 시작으로 보고 있다.

1961년 11월부터 1964년 7월까지 주로 활동한 특수부대는 실전보다 군사고문의 역할을 담당하며 게릴라전에 대비했다.

특수부대 활동 초기에는 남베트남이 주도권을 잡고 베트남민족해방전선을 궁지에 몰아넣었다. 그러나 베트남민족해방전선이 지방군과 유격대, 민병자위대까지 결속하며 범국민유격전을 전개하자 전세는 바로 역전되었다.

1963년 말에 이르러 미국의 특수부대 활동은 실패로 끝이 났다. 11월 2일에 미국의 지원을 받은 남베트남 군대가 고딘디엠을 암살하고 군사정권을 수립했다. 그로부터 20일 후 케네디 대통령이 암살되었고 대통령직에 오른 존슨은 대규모 베트남 전쟁을 준비하기 시작했다.

전쟁 확대

1964년 8월부터 1968년 12월까지는 베트남 전쟁의 두 번째 단계에 해당한다. 북베트남의 초계정哨戒艇(적의 습격에 대비한 함선) 수척이 통킹 만에서 미군 구축함 매독스호를 선제공격하는 사건이 발생하자 미국은 오스트레일리아, 한국 등과 연합해 대규모 군대를 파견했다.

미국의 전투부대는 바로 베트남 국지전에 투입되었다.

1965년 11월 14일에 미국의 제1기병 사단은 이아 드랑Ia Drang계곡에서 북베트남 66부대와 맞닥뜨리게 되었다. 3일간의 치열한 교전 끝에 미군이 승리를 거뒀다. 북베트남의 사상자는 1,200여 명, 미군은 200여 명의 사상자가 발생했다. 그러나

베트남 전쟁 중 삼림에서 휴식을 취하는 미군의 모습.

북베트남은 여전히 공격을 멈추지 않았다. 전투는 계속되었고 미국은 좀처럼 승기를 잡을 수 없었다. 1967년 말까지 무려 50만 명의 미군병력이 투입되었지만, 상황은 전혀 나아지지 않았다.

베트남 말라이 양민 학살. 미군의 만행으로 알려지면서 전 세계의 규탄을 받았다.

1968년 1월, 북베트남은 베트남의 음력설을 기해 최대 규모로 기습공격을 감행했다. 그러나 이 전투에서 5만 명의 사상자만 내고 말았다. 하지만 북베트남은 바로 또 공격을 재개했다. 미국의 웨스트멀랜드 장군은 병력의 증원을 요청했지만, 미국 내 반전여론이 거세지면서 미군은 결국 돌아올 수밖에 없었다. 1968년 3월 31일에 존슨 대통령은 남베트남에서 철군할 것과 대통령 재선에 출마하지 않을 것임을 발표했다. 1968년에 에이브러햄 장군이 웨스트멀랜드 장군을 대신해 베트남 주둔 신임 사령관으로 부임했다.

미군 철수

1969년에 미국 대통령에 당선된 닉슨은 미군의 단계적 철수를 추진했다. 1969년 6월에 우선 2만 5,000명의 미군을 철수시켰다. 미국은 베트남과 교전을 벌이면서 강화 담판도 함께 추진했다. 1969년 3월, 캄보디아의 북베트남 군사기

베트남 지도자 호치민.

지를 파괴하기 위해 미군의 비밀 군사작전이 진행되었다. 5월에는 햄버거 힐Hamburger Hill에서 북베트남군과 치열한 전투가 벌어졌다. 1970년 3월 18일에 캄보디아의 친미 인사인 론 놀 장군이 쿠데타를 일으켜 시아누크 국왕을 폐위시키고 정권을 잡았다. 1970년 5월에 미군은 론 놀의 묵인하에 캄보디아로 침입해 북베트남 군사기지를 공격했다. 그러나 전투가 길게 지속되면서 미군의 사망자 수는 4만 명을 넘어섰다.

1973년에 쌍방은 파리에서 정전협정에 서명하고 모든 군사행동을 중단했다. 3월 말에 북베트남군이 미군 포로를 전원 석방하자 미군은 베트남에서 완전히 철수했다.

전쟁 종식

미군이 철수한 후에도 북베트남과 남베트남 사이의 전쟁은 계속되었다. 게릴라전이 끊임없이 반복되었고 북베트남은 남베트남 남부 촌락 대부분을 장악했다. 1975년 1월 북베트남군은 최후의 공격을 시도했다. 결국 남베트남 정부는 와해되고 수많은 도시가 함락되었으며 5월 1일 전에 남베트남의 수도 사이공마저 함락되었다.

1975년 4월 29일과 4월30일 양일간 미군은 헬리콥터를 동원해 자국의 민간인을 탈출시켰다. 여관의 옥상 위에서 떠오르는 미국 헬리콥터의 모습은 베트남 탈출의 상징이 되었다. 북베트남군은 사이공 주재 미국 대사관과 남베트남 대통령 관저까지 점령했다. 후에 캄보디아와 라오스도 공산화되었다.

영향

베트남 전쟁 기간 중 베트남 사망자는 110만 명에 달했다. 실종이 30만 명, 부상자는 60만 명으로 집계되었다. 미군의 경우 사망자가 5만 8,000여 명, 실종 2,000명, 부상 36만 5,000명이었다.

베트남 전쟁에 소요된 경비는 총 1,500억 달러로 2차 대전을 제외하고는 가장 큰 비용이 소모되었다. 간접비용까지 합하면 금액은 3,500억 달러에서 6,700억 달러까지 치솟았다. 베트남과 미국 모두 이 전쟁의 피해자였다고 볼 수 있다.

아프가니스탄 전쟁

아프가니스탄은 아시아 중서부에 위치한 내륙 국가이다. 1970년대 초부터 소련은 아프가니스탄의 내정을 간섭하기 시작했다. 아프가니스탄은 1978년에 아민 총리가 집권한 후, 정부 내 친 소련계 인사들을 몰아내고 미국과의 관계정상화를 꾀했다. 미국에 아프가니스탄 원조 재개를 요청하기 위해서였다. 반면 소련의 요구는 모두 거절로 일관했다. 결국, 소련은 무력 침공을 통해 아민 총리를 끌어내리고 아프가니스탄을 계속 장악할 결심을 하게 되었다.

소련이 침공하기 전 아프가니스탄의 아민 총리의 모습.

소련의 아프가니스탄 침공

1979년 12월 27일 저녁 7시30분을 기해 소련은 아프가니스탄을 침공했다. 아프가니스탄의 주요 도시와 교통 거점을 모두 점령한 후, 팔레스타인 접경지대와 이란 접경지대까지 장악했다.

아프가니스탄 정부군은 아무런 저항도 하지 못했다. 이슬람 각 파의 반정부조직들이 산발적인 저항을 벌이긴 했지만, 소련군의 침입을 막기에는 역부족이었다. 그러나 이 조직들이 훗날 게릴라전의 주축을 형성했다.

아프가니스탄을 침공하는 소련군대

아프가니스탄의 저항

아민 정부가 전복된 후, 아프가니스탄 반정부조직과 게릴라 무장세력을 중심으로 소련군에 대한 저항이 시작되었다. 이들은 농촌 곳곳에 기지를 세우고 게릴라전을 펼쳤다. 1982년 3월에는 정치 조직과 군사지휘체계까지 갖춘 아프가니스탄 이슬람 지하드Islamic Jihad 조직이 결성되었다. 지하드의 유격대원의 수는 20만 명을 넘어섰으며 유격대만도 90여 개에 달했다.

아프가니스탄의 게릴라전에 맞서 소련은 아프가니스탄 영토를 일곱 개로 나누고 각 지역에 사단 병력을 파견해 소탕작전에 나섰다. 또한, 아프가니스탄의 국경을 봉쇄하고 해외로 통하는 모든 통로를 차단했다. 유격대가 외부 원조를 받거나

아프가니스탄 저항조직의 공격으로 파괴된 소련 장갑차.

해외에서 훈련을 받지 못하도록 철저히 통제하기 위해서였다. 소련은 무력 압박 외에도 다양한 정치선전 방식으로 저항세력을 제거하려 했다.

전쟁 종식

소련이 취한 이런 조치들이 다소 효과를 거두긴 했지만, 무력만으로 아프가니스탄을 통치하기란 불가능했다. 국제사회에서도 소련의 철군을 요구하는 여론이 갈수록 거세졌다.

결국, 소련은 1988년 4월 15일에 제네바협정에 서명하고 아프가니스탄 문제를 정치적으로 해결하는데 동의했다. 5월 15일에 소련군은 아프가니스탄에서 철군하기 시작해 1989년 2월 15일에 완전히 철수함으로써 9년간의 전쟁에 종지부를 찍었다.

아프가니스탄 전쟁으로 아프가니스탄인 130여만 명이 사망하고 500여만 명이 해외를 떠도는 유랑민으로 전락했다. 소련은 총 150만 병력을 아프가니스탄에 투입했는데 이 가운데 5만 명이 사망한 것으로 집계되었다. 또한, 전쟁비용으로 450억 루블을 소모해 국력이 크게 약화 되었다.

HISTORY OF WAR

포클랜드 전쟁

18세기 이후 포클랜드 제도는 프랑스, 스페인, 영국에게 차례로 점령당했다. 1816년에 아르헨티나가 포클랜드의 영유권을 주장하는 성명을 내자, 영국은 1833년에 해군 함대를 포클랜드 섬에 주둔시키고 주권 행사를 선포했다. 1965년에는 유엔이 나서 포클랜드 제도에 영유권 문제를 심의하며 아르헨티나와 영국 쌍방이 대화로 해결하도록 중재했지만, 실패로 끝나고 말았다.

포클랜드 전쟁 시기에 영국 수상으로 재임 중이던 마가렛 대처Margaret Hilda Thatcher. 과감하고 진취적인 외교 정책을 펼쳐 '철의 여인'이란 별명을 얻었다.

전쟁 발발

1982년에 아르헨티나와 영국은 뉴욕에서 회담을 가졌지만 결렬되었다. 이에 아르헨티나 정부는 '무력'을 포함한 '다른 수단'으로 분쟁을 해결하려 들었다. 3월 18일에 아르헨티나는 사우스조지아 섬에 국기를 게양해 영국을 자극했다. 4월 2일에는 포클랜드제도로 군대를 출병시켰다. 이는 영국과의 전쟁을 예고하는 것이었다.

아르헨티나의 행보가 너무 급작스러웠나 영국은 곧바로 전시내각을 가동하고 4월 22일에 특수기동함대를 출격시키는 등 국면 전환을 시도했다. 4월25일에 영국군은 사우스조지아 섬을 되찾았으며 헬리콥터를 동원해 섬 부근에 정박해 있던 아르헨티나의 잠수정을 격침시켰다. 4월 28~29일에 걸쳐 해역과 공중을 완전히 장악한 영국은 전방위 봉쇄 태세에 돌입했다. 아르헨티나는 영국 함대와 병력을 제대로 파악하지 못한 과오를 범한 탓에 영국군이 성공적으로 상륙작전을 진행할 수 있도록 빌미를 제공해 주었으며 결국 주도권을 빼앗기고 말았다.

봉쇄작전

해군함대의 전력상 우위를 바탕으로 영국은 포클랜드제도 해역을 순찰하며 아르헨티나 전함에 선제공격을 실시했다. 5월 2일에 영국의 핵동력잠수함이 어뢰 두 정을 발사해 포클랜드 남서쪽 236해리 지점에서 운항 중이던 아르헨티나의 순양함 제너럴 벨그라노호를 격침 시켰다. 아르헨티나는 해군을 철수시키고 공군을 동원해 영국 특수기동부대를 공격했지만, 해군 전력이 전무한 상태에서 공중 공격만으로 전세를 역전시키기에는 한계가 있었다. 제해권을 상실하면서 따라 아르헨티나는 점점 더 피동적인 입장에 놓일 수 밖에 없었다. 봉쇄정책이 어느 정도 실효를 거두자 영국은 5월 20일, 포클랜드 섬에 상륙해 전투태세를 갖추었다.

포클랜드 전쟁에 참전한 영국군 조종사들의 모습.

영국군 상륙

5월 21일 3시 30분경 영국 선발부대가 먼저 출격했다. 선발부대가 아르헨티나의 감시초소를 제압하자, 돌격부대 1,000명이 포트산카를로스 항에 성공적으로 상륙했다. 공항 등 지형적으로 유리한 위치를 점령한 영국은 4시간에 걸쳐 25킬로미터에 달하는 상륙거점을 확보했다.

영국군은 남북 양쪽에서 상륙을 시작했으며 신속하게 아르헨티나 군을 제압했다. 6월 14일에 아르헨티나가 항복 성명에 서명하고 아르헨티나 군인 1만 4,000명이 강제로 무장해제됨으로써 47일간 지속된 전쟁은 끝이 났다.

포클랜드 전쟁은 해군, 공군, 육군이 동시에 투입되어 현대 전쟁의 특성이 잘 드러난 전쟁으로 평가받고 있다. 포클랜드 제도는 영국과 아르헨티나 본토에서 멀리 떨어져 있어 양국 본토는 전쟁의 직접적인 영향을 받지 않았다.

제8장

첨단과학 시대의 전쟁

1980년대 초반부터 신기술혁명이 일어나면서 전쟁도 첨단과학의 시대로 접어들었다. 전쟁 기간과 과정도 갈수록 짧아졌다. 걸프 전쟁과 코소보 전쟁을 통해 첨단과학 시대 전쟁의 양상을 살펴볼 수 있다.

HISTORY OF WAR

걸프 전쟁

걸프 전쟁은 냉전이 종식된 후 새롭게 짜인 세계 판도 위에서 이라크가 쿠웨이트를 침략하며 발발한 대규모 국지전에 해당한다.

쿠웨이트 침공

1990년 8월 2일에 이라크가 쿠웨이트를 침공하자 걸프 해역에는 순식간에 긴장감이 고조되었다. 국제사회가 지탄의 목소리를 높이는 가운데 미국과 서방 강국들 역시 재빠르게 자국의 이익을 계산하며 적극적으로 개입하려 했다.

이라크가 쿠웨이트를 침공한 지 일주일이 채 안 되어 미국을 비롯한 서방 강국들은 걸프 해역으로 군대를 파견했다. 전투 개시까지 5개월이 소요되었으며 이 기간에 유엔은 이라크 제재制裁와 관련된 12개의 결의안을 통과시켰다. 이번 결의안의 주요 내용은 이라크를 정치, 경제, 외교적으로 고립시키는 것으로 특히 제678호 결의안에 주목할 필요가 있다. 이 조항에서는 만약 이라크가 1991년 1월 15일 이전까지 쿠웨이트에서 철군하지 않으면 유엔 회원국이 '일체의 필요한 수단'

을 동원할 수 있도록 규정했다. 즉, 미국을 중심으로 한 다국적 연합군이 걸프 해역에 출병해 무력으로 분쟁을 해결할 수 있도록 합법적인 권한을 부여한 것이다.

연합군의 공습으로 아수라장이 된 바그다드 시내

작전명 '사막의 폭풍Operation Desert Storm'

1991년 1월 17일 2시30분, 미국을 중심으로 한 다국적군은 작전명 '사막의 폭풍' 군사행동을 개시했다. 행동개시 1시간 전부터 다국적군은 이라크에 강력한 '방해전자파'를 발사해 이라크의 무선통신과 레이더를 차단했다. 이와 동시에 60여 대의 항공기를 출동시켜 이라크에 전자폭탄을 퍼부었다. 또한, '대 레이더 미사일ARM, anti-radar missile'을 발사해 이라크 군의 레이더 십여 개를 파괴했다. 대규모 공습의 최대 걸림돌인 레이더를 먼저 제거한 것이다.

전투가 시작되자 다국적군은 14시간 동안 세 차례나 대규모 공습을 실시했다. 전투기 1,300대가 동원되어 1만 8,000톤의 폭탄을 투하했다. 이 규모는 미국이 히로시마에 투하한 원자폭탄의 양과 맞먹는다고 할 수 있다. 첫날 공습에서 이라크는 다국적군 비행기 4대를 추락시켰다.

미국의 B-2스텔스 폭격기. 이라크 상공에서 전략지점에 폭탄을 투하하고 있다.

대규모 공습

1월 20일부터 시작된 다국적군의 공습은 이라크의 반격을 원천봉쇄하고 지상전 전투력에 타격을 가하면서 스커드Scud 미사일 발사 장비, 이라크 군 집결지, 교통요지, 교각, 항구 등 전략적 공격시설을 파괴하는 데 그 목적이 있었다.

1월 25일부터 2월 24일까지 쿠웨이트 전선의 공격지점, 즉 이라크 군 중병부대, 탱크-장갑차, 포병기지, 중요방위시설, 교통보급선 등 중요 전략 목표에 대한 공습이 이뤄졌다.

작전명 '사막의 사브르Operation Desert Sabre'

2월 24일부터는 지상공격이 시작되었다. 다국적군은 중앙과 좌, 우 세 갈래에서 공격을 진행했다. 우군은 쿠웨이트를 공격해 이라크 군의 주위를 분산시켜 주력부대의 공격을 돕고 좌군은 중앙돌파와 우회공격으로 나시리야Nasiriyah를 점령해 이라크 군의 퇴로를 차단했으며, 주력부대인 중앙군은 직접 바스라Basra를 공격해 이라크 군을 섬멸했다.

당일 새벽, 다국적군은 공군의 막강한 지원사격과 해군함대의 화력을 등에 업고 쿠웨이트와 사우디아라비아의 국경 일대에 전면공격을 감행했다. 이 공격의 작

이라크 전쟁 만화. 사담 후세인이 다국적군에 패한 모습을 풍자했다.

전명이 바로 '사막의 사브르'이다. 사브르는 유럽 기병들이 사용했던 검을 말한다.

다국적군의 지상 전면공격을 시작으로 상륙기동부대amphibious force가 해상에서 공격을 실시했다. 해군함대가 연해에 정박한 이라크 군 기지를 폭격해 이라크 군 주력부대를 쿠웨이트와 사우디아라비아 국경지대까지 유인해 냄으로써 다국적군의 공격은 순조롭게 진행되었다.

이라크 항복

3일간의 격전이 끝나고 2월 26일이 되자 이라크 군은 이미 전투능력을 완전히 상실했다. 쿠웨이트 전선에 참전했던 이라크 군의 퇴로마저 차단되었다. 여기에 공중지원사격과 통신이 단절되고 후방보급로까지 끊기자 사담 후세인은 항복하지 않을 수 없었다. 이라크는 유엔에 12개 결의안을 무조건 수용한다는 전문을 보냈으며, 같은 날 미국의 부시 대통령이 쿠웨이트 해방을 선언하면서 걸프 전쟁은 끝이 났다.

걸프 전쟁은 냉전이 종식되고 나서 새롭게 짜여 진 세계판도 위에서 이라크가 쿠웨이트를 침략하며 발발한 대규모 국지전에 해당한다. 미국을 중심으로 한 다국적군은 첨단기술로 탄생한 우수한 무기들과 공중-지상 동시작전 등을 도입하며 이라크 군에 절대적인 군사 우위를 과시했다. 이로 인해 다국적군은 단시간에 최소의 희생으로 신속하게 승리를 얻어낼 수 있었다. 걸프 전쟁은 첨단과학기술이 미래의 전쟁에서 어떠한 역할을 할지 여실히 보여주었다.

코소보 전쟁

1992년에 유고슬라비아가 해체되면서 보스니아-헤르체고비나가 독립을 선언했다. 그러나 곧이어 보스니아에 속한 세르비아인들이 독립을 요구하며 내전이 발생했다. 1997년부터 계속된 무장충돌로 30만 명이 난민으로 전락하는 등 혼란이 더욱 가중되었다. 결국, 미국의 주도하에 보스니아, 세르비아 등 내전 당사자들이 모여 '데이턴 평화협정Dayton Peace Agreement'을 체결함으로써 보스니아 내전은 마무리되었다. 그러나 세르비아공화국(세르비아공화국은 신유고연방의 연방국임)에 속해있던 코소보가 다시 독립을 요구하며 유혈충돌로 이어졌다. 미국과 서방 강국은 이 사태를 계기로 신유고연방의 밀로셰비치 정권을 제거할 계획을 세웠다. 이에 1998년부터 코소보 사태에 적극적으로 개입하기 시작했다.

전쟁 발발

1992년 2월 6일에 미국과 나토NATO(북대서양조약기구)의 주도로 산유고 연방의 세르비아공화국과 코소보 독립을 주장한 알바니아계 대표가 회동을 갖고 파

코소보 전쟁에서 공습 임무를 수행하는 F117 스텔스 항공기

리 부근 랑부예에서 평화협정을 추진했다. 협정 초안의 내용은 다음과 같다.

"신유고연방은 코소보의 자치권을 인정하고 코소보에서 철군한다. 코소보민족해방군은 무장을 해제하고 현지 주민비율에 따라 새로 경찰부대를 구성해 치안을 유지한다. 나토는 코소보에 다국적군을 파견해 협정의 내용이 실행될 수 있도록 협조한다."

그러나 이 방안은 쌍방 모두에게 외면당했다. 코소보는 독립이 최종 목표였으므로 무장해제를 원치 않았다. 신유고연방 역시 코소보에 자치권을 인정하는 데 회의적이었으며 나토 부대가 코소보에 주둔하는 것도 반대했기 때문이었다. 그러나 미국과 나토는 협정 초안의 80% 이상을 반드시 관철시켜야 한다는 강경입장을 고수하며 수용하지 않는 쪽은 나토의 군사 제재를 받게 될 것임을 경고했다. 교착국면에 빠져 있던 회담은 3월 15일 코소보가 협정에 서명하면서 진전을 보였다. 하지만, 신유고연방은 여전히 협정을 거부했다. 결국, 3월 19일 나토는 신유고연방에 최후통첩하고 3월 24일에 공습을 감행하면서 코소보 전쟁이 발발하게 되었다.

신유고연방 중국대사관 오폭에 항의하는 중국의 시위 행렬

공습 감행

나토 부대는 공습 능력의 절대적 우위와 우수한 첨단과학무기를 앞세워 신유고연방의 군사시설과 인프라시설에 엄청난 폭격을 가했다. 78일 동안 계속된 공습과 폭격으로 신유고연방은 수많은 인명 피해와 경제적 손실을 보았다.

5월 8일에는 나토의 전투기가 신유고연방의 중국대사관을 오폭하면서 3명의 사상자를 내는 사고까지 발생했다. 중국은 이에 분개하며 나토의 행위를 규탄했다. 코소보 전쟁은 걸프 전쟁과 달리 나토가 유엔으로부터 군사행동에 대한 합법적인 권한을 부여받지 못했다. 이 때문에 나토는 세계 여론의 질타를 감수해야 했다.

미 항공모함 키티호크 호USS Kitty Hawk(CV-63).

전쟁 종식

나토 부대의 공습이 가중되는 상황에서 러시아, 핀란드 등이 중재에 나섬에 따라 신유고연방은 마침내 6월 2일 평화협정에 서명했다. 협정내용은 당시 랑부예에서 논의된 것과 동일했으며, 다만 유엔의 방식에 따른 분쟁 해소를 강조했다.

이 협정에 따라 유엔헌장의 정신에 입각해 코소보에 주둔할 다국적군이 창설되었다. 코소보의 향후 정치지위 역시 유엔 안전보장이사회의 결정에 따르기로 했다. 난민들의 귀향도 유엔 난민사무소 고위관리의 감독 하에 추진하도록 했다.

6월 3일에 신유고연방 세르비아공화국 의회가 결의안을 통과시켰다. 6월 9일에 나토 대표와 세르비아공화국 대표는 마케도니아에서 코소보 철군에 대해 구체적으로 논의했다. 세르비아공화국은 즉시 철군을 시작하는 데 합의했다.

6월 10일에 나토는 신유고연방에 대한 공습을 잠시 중단한다고 공식 발표했다. 같은 날, 유엔 안전보장이사회는 찬성 11표, 기권 1표(중국)로 코소보 문제의 정치적 해결을 결의했다. 이로써 두 달 넘게 계속된 코소보 전쟁은 마침내 막을 내리게 되었다.

파장과 영향

코소보 전쟁은 걸프 전쟁이 종식된 지 8년 만에 발발했다. 이 짧은 기간에 전쟁 양상에는 큰 변화가 생겼다. 코소보 전쟁은 명실상부한 '첨단과학전'이었다. 걸프 전쟁에서 다국적군이 사용한 첨단무기는 전체 무기의 10%에 불과했으나 나토가 코소보 전쟁에서 사용한 첨단무기의 비율은 거의 100%에 달했다.

코소보 전쟁을 통해 공습의 중요성이 다시 한 번 증명되었다. 공습은 전 전투 과정에서 그 위력을 발휘했을 뿐만 아니라 단독 전술로도 손색이 없었다. 첨단과학시대에 공습이 지닌 특징을 정리하면 다음과 같다.

첫째, 정확한 살상능력을 갖추었다. 목표물에서 벗어나는 오차가 10미터 미만으로 지상전의 근거리 사격을 대체할 만하다.

둘째, 폭격범위가 광범위해 전후방의 한계를 벗어날 수 있으므로 다양한 전술로 적에게 치명적인 타격을 입힐 수 있다.

셋째, 뛰어난 기동성을 발휘해 전방위, 전천후로 속전속결을 감행할 수 있다. 또한, 원거리와 단거리 공격이 모두 가능하다.

넷째, 육·해·공 동시 공격이 가능해 멀티 작전을 펼칠 수 있다.

'공습'은 미래 전쟁의 꽃이라고 할 수 있다. 따라서 군사강국들은 공습을 이용한 다양한 작전과 전술을 앞으로도 끊임없이 개발해 낼 것이다.

전쟁의 역사

초판1판1쇄 인쇄 2016년 1월 15일
초판1판1쇄 발행 2016년 1월 20일

지은이 황 점 영
펴낸이 임 순 재

펴낸곳 한올출판사
등 록 제11-403호
주 소 서울특별시 마포구 모래내로 83(성산동, 한올빌딩 3층)
전 화 (02)376-4298(대표)
팩 스 (02)302-8073
홈페이지 www.hanol.co.kr
e-메일 hanol@hanol.co.kr

값 17,800원 ISBN 979-11-5685-363-3